HEINZ SIELMANN
EXPEDITIONEN INS TIERREICH

Herbig

Die geistige Einstellung zur Natur hat sich in den letzten Jahren stark verändert und auf die Seite größerer Sachlichkeit verlagert. Bei der Auseinandersetzung mit den Realitäten hat sich auch das Bild gewandelt, das wir uns von der Natur machen. Wir fragen heute nach Ursachen und Wirkungen, nach Zweck und Aufgaben, nach dem Sinn des Lebens im Bereich der Natur. Nicht mehr romantische Naturschwärmerei, sondern waches Interesse an der Erforschung der Rätsel und der Entschleierung der Geheimnisse im Tierreich kennzeichnet den natur- und umweltbewußten Menschen unserer Tage.

Kurt Blüchel (46), Herausgeber des vorliegenden Werkes, ist seit vielen Jahren als Publizist im naturwissenschaftlichen Bereich tätig. Mit zahlreichen Buchpublikationen (zum Beispiel »Der deutsche Wald«, »Die weißen Magier«, »Der Untergang der Tiere«, »Das Medizin-Syndikat«, »Naturwunder Deutschland«) und der Herausgabe eines großen Naturmagazins hat er sich in der Öffentlichkeit einen Namen gemacht.

Wenn dieser grundlegende Sinneswandel gegenwärtig auch in weiten Kreisen des öffentlichen Lebens spürbar wird, dann haben wir dies Männern wie Heinz Sielmann zu verdanken. Ein Leben lang verbrachte er in der Natur, um ihre Phänomene und deren Erforschung für Wissenschaft, Unterricht und Medien zu dokumentieren.

Aufgrund seiner bahnbrechenden Arbeiten auf dem Tierfilmsektor – bereits sein erster in deutschen Lichtspielhäusern gezeigter Dokumentarfilm »Lied der Wildbahn« war ein Riesenerfolg – erregte Sielmann in den letzten dreißig, vierzig Jahren weltweites Aufsehen. Selbst vom belgischen Königshaus wurde er für die Regie des abendfüllenden Naturfilms »Herrscher des Urwaldes« – der Streifen ging in 26 Sprachfassungen um die ganze Welt – berufen, und bei den Moskauer Filmfestspielen wurde Sielmann für seine hervorragenden Leistungen mit dem 1. Preis ausgezeichnet.

Als vor 25 Jahren die Tiermonografien Heinz Sielmanns zur ersten regelmäßig erscheinenden Tiersendung des Deutschen Fernsehens wurden, war es Dr. Jürgen Möller, Leiter der Hauptabteilung Kultur und Wissenschaft im NDR, der ihre Bedeutung erkannte und die Sendung später unter dem Titel »Expeditionen ins Tierreich« gewissermaßen institutionalisierte. Die seit zehn Jahren von Günter Tovar redaktionell betreute Reihe war von Anfang an ein »Dauerbrenner« des Fernsehens: Eine Sendung mit hohen Einschaltquoten, großer Beliebtheit und einer treuen Zuschauer-Gemeinde.

Die Würdigungen dieser erfolgreichen Fernsehreihe sind Legion: vom »Bambi« über den »Goldenen Bildschirm« und zahlreichen Bundesfilmpreisen bis zur begehrten Cherry-Kearton-Medaille der Royal Geographic Society in London wurde Sielmann, dessen Filme im Biologie-Unterricht der Allgemeinbildenden Schulen des In- und Auslands gezeigt werden, für sein überaus erfolgreiches Filmschaffen mit Ehrungen geradezu überhäuft.

Die Essenz seiner Naturerlebnisse und Naturbeobachtungen hat Heinz Sielmann in dem vorliegenden Prachtband niedergelegt. Mehr als eine Viertelmillion Kilometer reiste er kreuz und quer durch die Wildnisse der Welt, um Material für dieses Buch zu sammeln. Seine Expeditionen ins Reich der Tiere führten ihn in die eisige Bergwildnis Alaskas wie in den feuchtheißen Tropendschungel Borneos, in die unwirtliche Vulkanregion der Galapagos-Inseln wie durch die endlosen Weiten des australischen Kontinents.

Er benutzte auf seinen Forschungsreisen Flugzeug und Geländewagen, Rentierschlitten und Motorboot, Kanu und Hubschrauber, Floß und Maultier, Schlauchboot und Hundegespann. Er verbrachte allein 10 Monate ununterbrochen in den Regenwäldern Neuguineas, um in der ewigen Dämmerung des üppig wuchernden Pflanzendschungels Tiere zu filmen, von denen man bis dahin kaum mehr als den Namen kannte.

Der vorliegende Bildband ist aber nicht nur vollgepackt mit spannender Lektüre und umfassendem Wissen über das faszinierende Leben auf unserem blauen Planeten; das farbenprächtige Werk vermittelt durch seine zum größten Teil einmaligen Fotodokumente vor allem auch die befriedigende Gewißheit, daß unberührte Wildnis noch immer ein lebendiger Teil unserer Erde ist. Der Verlag verpflichtete die besten Tierfotografen der Welt zur Illustration dieses Werkes. Hochentwickelte Reproduktionsverfahren garantierten schließlich dafür, daß absolut makellose Bilder entstanden – Bilder von märchenhafter, fast unwirklicher Schönheit.

Kurt Blüchel
(Herausgeber)

SIE
EXPEDI

TIE

HEINZ
LMANN
TIONEN
INS
RREICH

Eine ungewöhnliche und spannende Entdeckungsreise durch die letzten Wildnisse unseres blauen Planeten.

INH

EUROPA

ALT

EXPEDITIONEN INS TIERREICH

EUR

OPA

Kalt sind die Farben der Tundra immer – ob im Winter das Nordlicht flackert oder im Sommer die Mitternachtssonne scheint.

In d

Lied der Wildbahn.
er Tundra Lapplands

Das einsame Land ist die Heimat der Lappen.

Auf kahlen Berghängen und in der Tiefe der Nadelwälder stellen noch immer Braunbär und Luchs, Vielfraß und Wolf ihrer Beute nach – obwohl dem Wanderer die Tundra meist eintönig und leblos erscheint. Allgegenwärtig ist nur das wehmutsvolle Lied des Goldregenpfeifers, dessen Flötenton die Stille hörbar werden läßt.

Wildnis in Europa – gibt es das noch? Großstädte und Ballungszentren sind dicht gedrängt, breiten sich wie vom Krebs befallenes Zellgewebe immer mehr aus. Zahlreiche Tier- und Pflanzengattungen stehen vor der Ausrottung, da der Lebensraum knapper und knapper wird. Nur wenige Regionen sind bisher den Krakenarmen der Zivilisation entgangen.

Ein solches Gebiet, das sich bis heute erfolgreich gegen den Menschen zur Wehr setzt, ist im hohen Norden Europas zu finden. Lappland – die Heimat des Goldregenpfeifers, dessen wehmutsvolles Lied die Einsamkeit der Tundra fühlbar werden läßt. Von den zerklüfteten Fjorden Norwegens, über die schwedischen Fjälls und das finnische Hochland, bis hinein in die russische Halbinsel Kola erstreckt sich ein Gebiet von 250 000 Quadratkilometern Fläche, in dem der Mensch nur eine unbedeutende Rolle spielt.

Wo er sich zwischen Felsmassiven, dichten Wäldern, Sumpflandschaften und Hochland-Tundra Lebensraum schaffen wollte, mußte er sich den Forderungen der Natur anpassen. Das Volk der Lappen, das heute etwa 30 000 Seelen zählt, hat aus harten Naturbedingungen und menschlichen Lebensinteressen eine Synthese hergestellt, die sich seit Jahrhunderten bewährt.

Sie sind die letzten Nomaden Europas, die ihren Lebensrhythmus nach den Wanderungen ihrer »Haustiere« richten, den halbwilden Rentieren. 200 000 bis 300 000 Tundra-Rene bevölkern die Weite des skandinavischen Nordens. Eine Schönheit ist dieses ungeschlachte Tier sicher nicht, das so schwerfällig und plump einhertrottet. Doch es ist gleichzeitig Lebensgrundlage und Reichtum der Lappen, sichert Milch- und Fleischversorgung, liefert einen bedeutenden Bestandteil der Lappenkleidung und ist das wichtigste Handelsobjekt dieses kleinen Volkes.

Meilenweit herrscht die Stille der Einsamkeit. Eine Heimat für Bär, Elch, Luchs und Vielfraß. Die allerletzte in Europa.

Rentiere wandern in Herden von etlichen hundert, manchmal tausend Tieren mit den Jahreszeiten von den Sommerweideplätzen an der Küste zu den Winterquartieren in der Tundra des Landesinneren, wo sie ihre dortige Hauptnahrung, die Rentierflechten, aus der dünnen Schneeschicht freischarren. Als einzige Hirschart tragen beide Geschlechter ein gewaltiges Geweih, das allerdings nur eine Sommer-

Moschusochsen sind in der subarktischen Tundra Überbleibsel der Eiszeit.

Auf dem Dovrefjell in Norwegen wurden die kurzbeinigen Hornträger, dessen filziger Winterbehang bis auf den Boden reicht, mit Erfolg wieder eingebürgert. Die urweltlich anmutenden Tiere stehen trotz einer entfernten Ähnlichkeit mit dem amerikanischen Bison den Ziegen und Schafen verwandtschaftlich näher als den Rindern.

Wehrhaftes Wild in Verteidigungsstellung.

Obwohl Kühe und Bullen Hörner tragen, übernehmen im Ernstfall nur die männlichen Tiere die Verteidigung der kleinen Herde. Häufig bilden sie eine halbkreis- oder ringförmige Formation, so daß angreifende Raubtiere nur selten eine Chance haben.

zier ist. Im Mai, wenn die Jungen geboren sind, wächst der Kopfschmuck und wird im Oktober, nach der Brunftzeit, wieder abgeworfen.

Das Rentier ist in Lappland fast zum Haustier geworden, doch ist es für diesen rauhen und eigenwilligen Landstrich bezeichnend, daß die Domestizierung dieser Tiere nicht wirklich möglich war. Denn nicht die Rentiere leben dort, wo der Mensch sich ansiedelt, sondern dieser folgt den großen Wanderern jahrein-jahraus, deren Zug allenfalls lenkend.

Zwischen Nordmeer und sibirischer Taiga finden wir die letzten Vertreter einer europäischen Tierwelt, die in anderen Gebieten mühsam wieder eingebürgert wird, oder gar nur noch im Zoo zu besichtigen ist: Braunbär, Wolf, Fuchs, Luchs und Vielfraß, solche urtümlichen Riesen wie Elch und Moschus-Ochse, und einen erstaunlichen Reichtum an Vogelarten, die sich aus

Eine sensationelle Bildserie vom jagenden Fischadler.

In 20 bis 30 Meter Höhe kreist der Fischadler über stillen Seen, rüttelt oft wie der Turmfalke, und stürzt – hat er die Beute erspäht – wie ein Geschoß ins Wasser. Der reichlich bussardgroße Greifvogel kann mit Hilfe dieses Stoßtauchens Fische erbeuten, die sein Eigengewicht überschreiten. Der Adler, dessen Horst hoch oben in starken Bäumen steht, hat sich fast ausschließlich auf Fischkost spezialisiert, so daß ihm Wasservögel nur selten aus dem Wege gehen.

Typische Bewohner der Tundra.

Das Geheimnis der Lemmingwanderungen ist noch immer ungeklärt. Wie auf ein Kommando formieren sich die Tiere zu einem millionenfüßigen Heerzug, der mitunter in den eisigen Meeren des Nordens endet. Die mausgrauen Nager (rechts unten) treten in manchen Jahren in so ungeheuren Mengen auf, daß sie die Futtergrundlage der Rentiere (rechts) und die Nistgelegenheit des Goldregenpfeifers (unten) zerstören.

den dicht bevölkerten oder vom Tourismus heimgesuchten Gegenden zurückgezogen haben. Hier leben neben vielen anderen Alpen- und Moorschneehuhn, Schnee-Eule, Odinshühnchen, Goldregenpfeifer, Singschwan, Steinadler, Merlin- und Gerfalke.

Trotz des Artenreichtums seltener Tiere ist Lappland nur ein halbes Paradies. Es bietet zwar Einsamkeit und Ungestörtheit, aber es bürdet den Tieren und Pflanzen die gleichen Lebensschwierigkeiten auf, mit denen der Mensch nur schwer fertig wird: Kargheit, Kälte und Wind. Dabei zeigt sich Lappland doch als eine vielseitige Landschaft verschiedenster Klimazonen. Maritimes Klima, vom Golfstrom beeinflußt, bringt dem Westen relativ milde Winter und mäßig warme Sommer. Die Hochebenen der Tundra im Landesinneren dagegen überfällt der Winter im Oktober mit klirrender Kälte und die kurzen Sommer werden hier durch trockene Hitze bestimmt. Im Bereich der milden Meeresluft gedeihen selbst im hohen Norden noch Fichten und Kiefern, wo nach dem Breitengrad schon die Baumgrenze beginnt – geheimnisvolle Wälder. Lange Flechtenbärte legen einen grauen Schleier über die Bäume und lassen sie wie riesige Waldgeister erscheinen – kein Wunder, daß Skandinavien die Heimat von Elfen und Kobolden ist.

In den Tundragebieten des Landesinneren nimmt die gespenstische Atmosphäre noch zu. Hier überfällt den Menschen das Gefühl, Eindringling in einer Welt völliger Stille zu sein. Wo nur noch Sträucher, Moose und Flechten sich in den felsigen Boden krallen, ist kein Ort für das Gemeinschaftswesen Mensch.

Der Zauber der Tundra-Hochfläche ist wenig spektakulär. Aber welches Wunder bergen die Flechten, die hier über den Boden kriechen: die Symbiose aus einem Pilz, der eine Alge mit Gewebe umspinnt, damit diese vor Kälte geschützt und mit Wasser versorgt, durch Photosynthese die Nährstoffe für beide produzieren kann. Maximal fünf Millimeter wachsen Flechten pro Jahr, doch sie haben unendlich viel Zeit zum Großwerden, da sie mehrere hundert Jahre lebensfähig bleiben. Flechten trotzen den härtesten Klimabedingungen, doch der Luftverschmutzung sind diese

Nach dem gnadenlosen Winter verdoppelt sich der Tag. Dann explodiert das Leben. Manchmal viel zu üppig.

Urgewächse schutzlos ausgeliefert. Schadstoffe aus tausend Kilometern Entfernung wirken hier immer noch zerstörerisch. Im Winter schützt nur wenig Schnee die Kleinstpflanzen, die sich mit lederartigen, teils behaarten Blättern der Kälte erwehren. Zwergwüchsig ducken sie sich vor den peitschenden Stürmen an den Boden.

Der Norden Europas ist das Land der Mitternachtssonne. Zwei Monate im Sommer gibt es keine richtige dunkle Nacht, aber in zwei Wintermonaten fehlt dafür der helle Tag. Wenn Ende April die Schneedecke von den kahlen Flächen der Hochebene langsam abtauen, die überwinternden Tiere aus ihren Schlafhöhlen kriechen, die Rentiere sich auf den Weg zu den Sommerquartieren machen und die Zugvögel zurückkehren von ihrer langen Reise aus dem Süden – dann demonstriert die Pflanzenwelt ihren Lebenswillen. Der kurze Sommer läßt keine Zeit für lange Blüte- und Paarungsperioden. Früh-

▷

Kaum ist der letzte Schnee geschmolzen, überzieht den Sumpf ein weißer Pelz. Millionen flauschiger Schneebälle – Haarbüschel des Scheidigen Wollgrases – tauchen die Moore in gleißendes Licht.

jahr, Sommer und Herbst dauern zusammen fünf Monate; da ist es für Pflanze und Tier vorteilhaft, wenn die Nacht zum Tag wird, wenn die Sonne auch um Mitternacht über den Knospen von Trollblume und Goldrute, Moltebeere und Zwergbirke ihr Licht ausbreitet.

In diesen Sommermonaten tauschen die überwinternden Tiere der Hochebene ihr weißes Winterkleid gegen bräunlichen Pelz oder Gefieder der warmen Jahreszeit: Schneehase, Polarfuchs, Hermelin, Schneehuhn.

Die kurze Brutzeit von Eiderente, Singschwan und Regenbrachvogel ermöglicht die Aufzucht der Jungen, bevor die weite Reise in den wärmeren

Die Suche nach dem Futter treibt die Lemminge ins Meer. Ein Unglück, das nur die letzten verschont. Alle paar Jahre.

Süden wieder angetreten werden muß.

Jetzt schallt das Pfeifen und Rufen des Goldregenpfeifers über die Fjälls. Der Strandläufer hat genau den Nistplatz wiedergefunden, den er im letzten September in Richtung Südafrika verlassen hatte. Das »emanzipierte« Odinshühnchen überläßt das Brutgeschäft dem männlichen Partner.

Schneeule und Raubmöwe lassen sich in der Tundra-Wildnis nur sehen, wenn der vergangene Winter mild war, und die Frühjahrssonne bald zu scheinen begann. Beide Tiere fühlen sich nur dann besonders wohl, wenn sie reiche Beute unter den Lemmingen finden können. Und deren massenhafte Vermehrung ist nur bei milden Witterungsbedingungen gewährleistet. Der kleine

Nager stellt als wichtigstes Glied der Nahrungskette die Futterbasis der Tundra-Beutegreifer dar. Gibt es in einem Jahr nur wenige Lemminge, dann geht auch die Zahl an Hermelinen, Vielfraßen, Adlern und Falken zurück. Viele Zoologen vertreten die Meinung, daß der 50 Gramm leichte und höchstens 15 Zentimeter kleine Vegetarier die Eiszeit überlebte.

Das gefräßige Tier kann in 24 Stunden die doppelte Menge seines Körpergewichts an Gräsern, Blättern und Flechten vertilgen.

Lemminge sind merkwürdige Tiere, um deren erstaunliches Verhalten sich zahlreiche Legenden ranken. Alle paar Jahre vermehren sich die Nagetiere explosionsartig, so daß eine Überpopula-

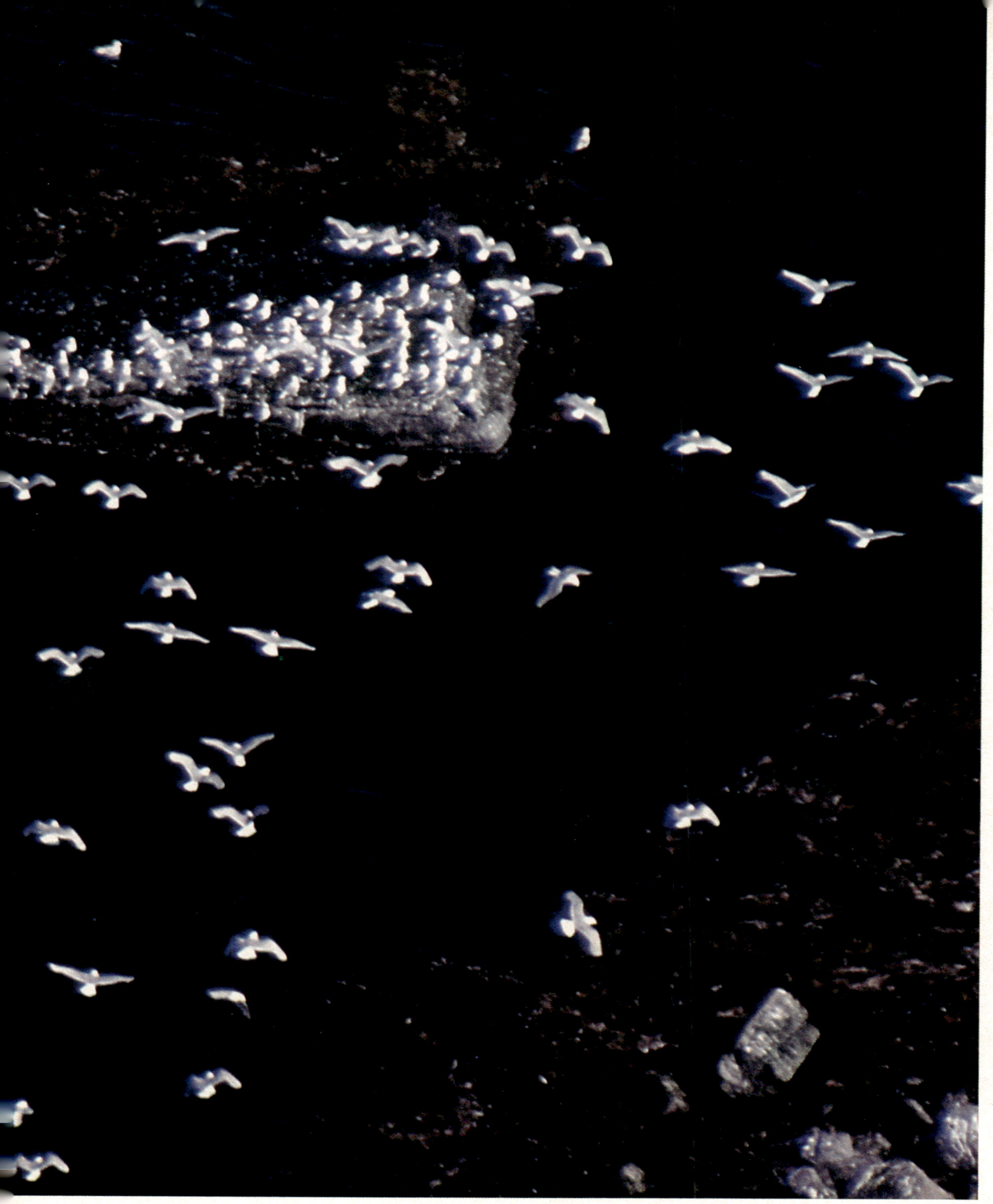

Vögel auf weißen Schwingen charakterisieren das Bild der Küstenzone.

Dreizehenmöwen treiben wie Schneeflocken um die zerklüfteten Felsen im Varangerfjord in Norwegisch-Lappland. Ohne ihre Flügel zu bewegen, lassen sie sich vom Aufwind tragen. Wenn sie an Schwung verlieren, gleiten sie steil zum Meer hinab, um sich dort von den Luftströmungen auffangen zu lassen. Dreizehenmöwen (unten) bauen feste Nester, damit die Eier nicht von den Felsen fallen. Mitten in die Tundra legt die Schmarotzerraubmöwe (unten links) ihre Eier.

tion entsteht, die nur durch Abwanderung zahlreicher Tiere aufgelöst werden kann. So kommt es in manchen Jahren zum Exodus der Lemminge aus ihren angestammten Gebieten. Diese Wanderung ist eine Suche nach anderen Futterplätzen und nicht, wie der Mythos erklärt, der triebhafte Zug nach Westen auf der Suche nach dem versunkenen Atlantis. Auch der scheinbare Massenselbstmord der Lemminge, die sich bei Überbevölkerung scharenweise ins Meer stürzen, läßt sich logisch erklären: die Nagetiere ertragen das Leben in großen Völkern nicht und suchen panikartig einen Fluchtweg. Kommt ihnen hierbei ein Hindernis wie etwa ein Fjord in den Weg, stürzen die Tiere, geschoben von den nachfol-

Grenze zwischen Tundra und Atlantik.

Die Steilküste im Nordwesten Skandinaviens ist das Brutrevier unzähliger Seevögel. Eissturmvögel (links) und Papageitaucher (rechts) steigen von schmalen Felsbändern scheinbar mühelos in den Himmel, und grünäugige Krähenscharben (unten) erfüllen mit ihrem krächzenden Gezeter die nach Vogelkot stinkende Luft. Ohne Flügelschlag lassen sich die meisten Vögel vom Wind tragen, der über die scharfen Grate der Klippen streicht.

genden Artgenossen, ins Meer und ertrinken, weil ihnen die Kraft fehlt, das andere Ufer zu erreichen. Auf solche Art reduziert sich eine Überpopulation auf normales Maß.

Lemminge verteidigen ihr hübsches Fell mit unglaublichem Mut. Aggressiv gehen sie auf alles los, das größer ist als sie selbst, und doch fallen sie den Fleischfressern des Nordens am leichtesten und häufigsten zum Opfer.

Lappland gehört nicht zu den unmittelbar bedrohten Naturgebieten dieser Welt. Doch setzte sich in Skandinavien schon um die Jahrhundertwende die Erkenntnis durch, daß gesetzlicher Schutz für den Erhalt einer urtümlichen Landschaft notwendig ist. Die schwedische Regierung gründete 1909 im lappländischen Gebirgsmassiv im Nordwesten des Landes den Sarek-Nationalpark. 2000 Quadratkilometer Urlandschaft aus Granit und Gneis, wilden Wasserläufen, Gletschern, Seen und Sümpfen bilden das größte Naturschutzgebiet Nordeuropas. Aus diesem Tierparadies ist bis heute kein Ausflugsziel für Halbschuhtouristen geworden. Unzugängliche Täler, Geröllhänge und Felswände ziehen keine Sonntagsbesucher an. Doch unbedroht ist das Reservat nicht: zwei Straßen haben den Park in die Zange genommen, die nun mehr und mehr Wanderer zumindest an den Rand des Sareks bringen.

Der Elch kann einsam durch die sumpfige Landschaft trotten, sein massiger Körper im Sommer von einer Mückenwolke umgeben. Die jungen Triebe der Mischwaldbäume versorgen ihn mit seiner Lieblingsspeise. Der Elch wirkt wie ein riesenhaftes Phlegma, das nichts aus der Ruhe bringen kann. Nur zur Brunftzeit wird dieser Einzelgänger aktiv und lebhaft, da ist ihm kein Weg zu weit auf seiner Suche nach einer paarungswilligen Elchkuh.

Der Elch. Ein großes Phlegma. Ihn bringt nichts aus der Ruhe. Außer einer Elchkuh. Für sie ist ihm kein Weg zu weit.

Doch ist die Liebeslust verflogen, ziehen sich alle Elche wieder in ihr Eremitendasein zurück.

In der Deltalandschaft, wo der Rapaätno in den Laitauresee mündet, finden wir eine vielfältige Vogelwelt. Haubenmeisen, Mornellregenpfeifer, Hakengimpel und Spornammer leben in der Stille rund um den See, wo friedliche Ruhe über der Landschaft liegt, nicht aber die depremierende Einsamkeit der Berge. Hier ziehen Gerfalk und Merlin ihre Kreise, und weit tönt an warmen Frühlingsmorgen der Balzruf zahlreicher Moorschneehühner.

Wandert man vom Sarek-Park nach

Bunte Taucher bevölkern die stillen Gewässer.

Wenn im Mai und Juni das Eis auf den Seen schmilzt, gellen die Balzrufe der Taucher über die blanken Wasser. Das stahlblaue Gefieder des Prachttauchers (links außen) und das marmorierte Federkleid des Sterntauchers (links unten) beleben die Szenerie ebenso wie die rostroten Farbtöne des Ohrentauchers (links). Trotz des kurzen Sommers – Seen und Flüsse sind manchmal nur drei Monate eisfrei – haben die Vögel ausreichend Zeit, für Nachwuchs zu sorgen (unten: Gelege des Polartauchers).

Auch am Polarkreis gibt es Singvögel.

In hellen Frühsommernächten kommen sie aus südlichen Gefilden: Spornammer (links), Rotsterniges Blaukehlchen (links unten), Mornellregenpfeiffer (oben Mitte), Rotdrossel (rechts außen), Bluthänfling (rechts unten).

Westen, empfangen einen bald die zerklüfteten Fjorde der norwegischen Küste. Wasser und Eis haben gemeinsam den Fels bearbeitet und ausgehöhlt.

Günstiges Zusammentreffen von kalten und warmen Strömungen und der nördlichste Golfstromeinfluß lassen ein milderes Klima entstehen als in diesen Breiten zu erwarten ist. Unermeßlicher Fischreichtum rund um die norwegischen Inseln ist die Folge, ein Anziehungspunkt für zahlreiche Wasservögel.

Die Paradiese sind bald zerstört: Wenn das Öl kommt, sterben die Fische. Schlechte Zeiten für Kormorane und Eissturmvögel.

Der Seeadler baut an Küstenfelsen seinen Horst, wo das auf Lebenszeit verbundene Adlerpaar seine Jungen versorgt. Trottellummen, Dreizehenmöwen und Küstenseeschwalben nehmen ganze Inseln in Besitz, über den kakaphonisches Kreischen, Schreien und Flügelschlagen wabert.

Der schwarz-weiße Papageientaucher füllt zur Brutzeit seinen rot-gelb-schwarz gestreiften Schnabel mit so vielen Fischen, daß diese wie ein Bart ringsum aus dem Schnabel hängen.

Der Kormoran, ein eleganter Fischfänger, segelt wie ein fliegendes Kreuz durch die Lüfte. Dieser Eindruck entsteht durch seinen gestreckten Hals, langen Schwanz und die weit ausladenden Schwingen. Als perfekte Flugmaschine gleitet der Eissturmvogel mit den Luftströmungen.

Paradisische Zustände für Seevögel – könnte man meinen. Doch auch hier setzten sich menschliche Interessen zerstörend durch. Der Fischreichtum führte zu extensiver Hochseefischerei, der Narviker Hafen fertigt die großen Erzfrachter ab. Ölfressende Riesenschiffe sondern ihre Rückstände ins Meer ab. All dies verspricht keine rosige Zukunft für Lebewesen, die auf reine Luft und klares Wasser angewiesen sind.

Schnelle Jäger halten die Natur im Gleichgewicht.

Wenn die Bevölkerungsexplosion unter den Lemmingen die Tundra zu überschwemmen droht, haben Rauhfußbussard (links und rechts) und Gerfalke (unten) Hochsaison. Gerade in der menschenleeren Tundra haben die Greifvögel für den Naturhaushalt eine ausgleichende Bedeutung.

▷
Laut trompetend hat die Kanadagans, von Nordamerika kommend, inzwischen große Teile Europas erobert. Neuerdings nistet sie auch in Schweden und Norwegen. In der Tundra hält sie sich am liebsten an schilfbestandenen Seen und Sümpfen auf.

Bei Ebbe können Menschen und Vögel auf dem Meeresgrund spazierengehen. Erst die Flut überschwemmt meterhoch das sandige Watt.

Zwisc
Vogelpara

hen Ebbe und Flut.
dies im Nordseewatt

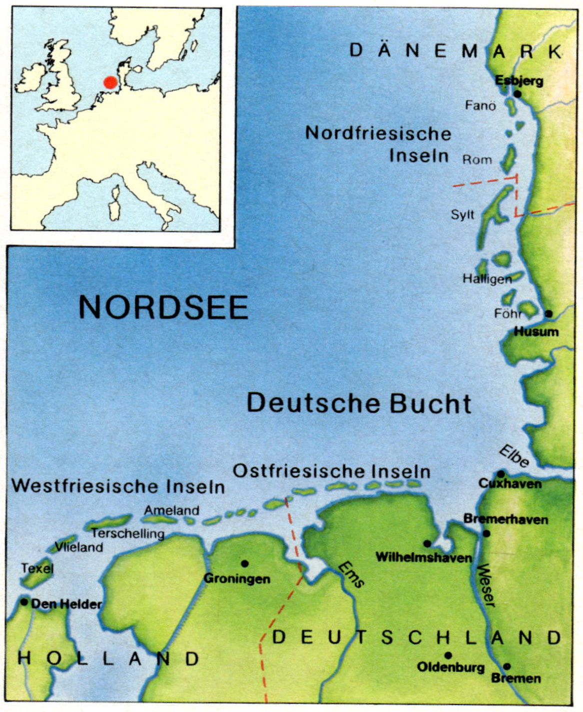

Das Watt ist ein Schlaraffenland für hungrige Vogelscharen.

Reich deckt ihnen das Meer den Tisch. Da gibt es, mit grünem Meersalat garniert und in braune Tangzweige gepackt, vielerlei Muscheln und Krebse, Seesterne und Blumentiere, Quallen und Würmer – in Hülle und Fülle.

Vor der langen Inselkette an der holländischen, deutschen und dänischen Nordseeküste liegt eines der Naturwunder Mitteleuropas: das Watt – die glitschige Schlick- und Priellandschaft zwischen Wasser und Land. Das Watt ist weder das eine noch das andere, sondern beides – zweimal am Tag. Genau alle 12 Stunden und 25 Minuten kommt und geht das Meer. Dieses Wechselspiel von Ebbe und Flut – gesteuert nach komplizierten Gesetzmäßigkeiten der Physik, zusammen mit den beteiligten Himmelskörpern – ist der Motor einer unvorstellbaren Betriebsamkeit. Dieser knapp tausend Kilometer lange und durchschnittlich fünf bis zehn Kilometer breite Küstenstreifen ist Brutraum für mehr als eine halbe Million Küstenvögel, Lebensraum für unzählige Fische.

Ein Quadratmeter des stinkenden Schlamms wimmelt voller Leben: 35 000 winzige Schlickkrebse tummeln sich in dem nahrungsreichen Untergrund. Die Lebensadern der Watten – die sich verästelnden Priele – befördern riesige Mengen Nährstoffe und organisches Material land- und seewärts. In einem Fingerhut voll Watt befinden sich bis zu einer Million einzelliger Algen. Das sind paradiesische Lebensbedingungen für Schnecken, Würmer, Muscheln, Polypen, Seeigel, Krabben und Seesterne. Bis hinauf zum größten Tier des Wattenmeers, dem Seehund, brauchen sich Pflanzen und Tiere um Nahrung nicht zu sorgen. Die Gezeiten liefern sie als gewaltige Biomasse frei Haus.

Ein solches Nahrungsangebot im Überschuß lockt auch eine riesige Schar Gäste an: Auf 20 bis 40 Millionen Individuen werden die durchziehenden, überwinternden oder übersommernden Vögel geschätzt. Trotz dieses gewaltigen Ansturms wurde bislang das natürliche Gleichgewicht des Nordseewatts durch Tiere nicht sonderlich gestört. Gefahr droht dieser Urzone des Lebens lediglich von den Menschen, sei es als Touristen oder Befürworter der Industrie, die ihre bedrohlichen Tentakeln bereits bis in die Vogelschutzzonen ausstreckt. Sie sind die letzten Bollwerke der Natur in der Wattenmeerlandschaft. Naturschützer haben einige dieser Refugien gekauft und sie vor der Opferung für den Tourismus

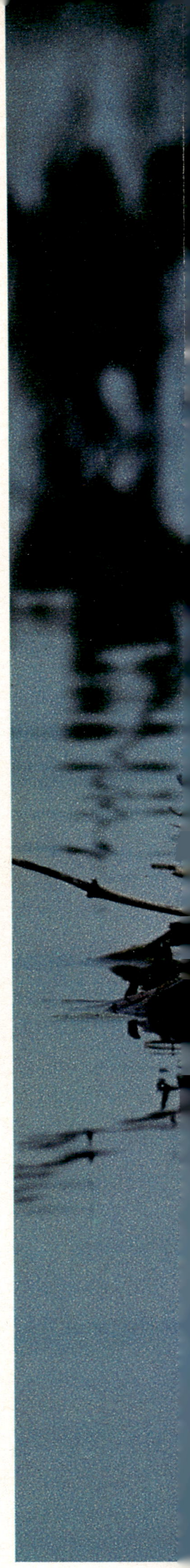

Eine graziöse Vogelgestalt im Nordseewatt: Der taubengroße Säbelschnäbler.

Auf langen blaugrünen Beinen waten die Vögel mit dem säbelartig aufgebogenen Schnabel und der dunklen Kappe über Kopf und Augen durch das flache Küstenwasser. Säbelschnäbler, links kopulierend, rechts brütend) fliegen mit herabgebogenen Flügeln, eingezogenem Hals und weit nach hinten ausgestreckten Beinen.

Von allen Fliegern am Meer die elegantesten: Seeschwalben.

Brandseeschwalben (links außen) sind reine Kolonienbrüter, Küstenseeschwalben (links) suchen die Nähe der Flußseeschwalben (unten), und Zwergseeschwalben (rechts) sind gewandte Flugkünstler.

und vor der Vermarktung für die Industrie gerettet. Doch der schleichende Tod, unsichtbar unter Abwässer und Müll gemischt, macht nicht vor der Grenze der Naturreservate Halt. Zusammen mit der üppigen Nahrungsflut schwemmt das Wasser auch die Gifte und Abfälle in die lebensreichen Inseln der Vögel. Menschen, die Nester der Möwen oder Seeschwalben plündern oder auch nur durch Unwissenheit Altvögel beim Brüten oder Füttern ihrer Nachkommen behindern, können derart katastrophale Schäden gar nicht anrichten. Denn sie kann man belehren, aufklären, zur Einsicht bringen – gegen Gifte sind Vogelschützer machtlos.

Erstes und größtes Opfer ist der Seehund. Sein Körper ist bereits so stark mit Umweltgiften angereichert, daß die Mengen weit über dem tolerierbaren Schwellenwert für Mensch und Tier liegen: In einer Untersuchung erbrachten Seehundlebern aus Holland einen Wert von 2200 Milligramm Quecksilber pro Kilogramm. In nur 14 Jahren ging der Seehundbestand allein an der

Tausend Nester nebeneinander. Ohne Vogelwarte und Schutzgebiete längst Opfer von Industrie und Erholung.

niedersächsischen Küste von 2250 Tieren auf 1240 zurück. Diese letzte Zahl stammt aus dem Jahr 1974 – wie mag es heute um den possierlichen Schwimmer und Taucher stehen?

Von Jahr zu Jahr kommen im März weniger Seehunde an die Nordseeküste. Die Gründe dafür sind bekannt: Seehunde brauchen Ruhe, viele Heringe und sauberes Wasser. Doch alles zusammen ist an der Wattküste selten – stattdessen werden die lärmenden Erholungsgebiete immer größer, bleiben die Heringe häufiger aus und wird das Wasser von Jahr zu Jahr trüber. Die Folge: Viele Jungtiere sterben oder werden von ihren Eltern als »Heuler« am Strand zurückgelassen. Eine Schutzzone für die Robben könnte den Bestand stabilisieren. Doch fünf Nordsee-Staaten – fünf verschiedene Ansichten. Ein internationales Projekt hätte nur dann einen Sinn, wenn sich alle anderen Nordseerandstaaten beteiligen würden. Eine Einigung ist noch nicht in Sicht – jedenfalls solange die immer kleiner werdende Seehundschar noch Freiwild für dänische und englische Jäger ist.

Die kleine Hallig Norderoog, bereits seit 1909 Vogelschutzzone, ist ein leuchtendes Beispiel für wirksamen Naturschutz. Die Insel, im Winter oftmals überflutet, ist der einzige Ort an der Wattküste, auf dem die attraktiven Brandseeschwalben ständig brüten. In guten Jahren gibt es hier bis zu 1000 Nester, eins dicht neben dem andern. Doch auch für andere Seeschwalbenarten ist die kleine Hallig ein Paradies: Küsten-, Fluß- und sogar seltene Zwergseeschwalben nisten hier neben Eiderenten, See- und Sandregenpfei-

▷

Die Sturmmöwe ist zwar etwas kleiner als die Silbermöwe, im übrigen kaum von dieser zu unterscheiden. Als schlimmer Eierräuber hat sie unter den Seevögeln nicht viele Freunde.

Schwimmkünstler und Sonnenanbeter – der Seehund ist beides in hohem Maße.

Wer Glück hat, kann den wunderlichen Kerl (links ein fast erwachsenes Jungtier) mit dem runden Katzenkopf, der kurzen Schnauze, dem stattlichen Schnurrbart und dem treuen Hundeblick bei Ebbe auf den Sandbänken beobachten. Aufgestört, schnellt er sich wie eine Schlange oder riesige Spannerraupe vorwärts.

fern, rotschenkligem Wasserläufer und den auffallenden schwarzweißrot gefärbten Austernfischern.

Besonders eindrucksvolle Massenversammlungen im Watt bilden die übersommernden Schnepfenvögel: Alpenstrandläufer und Knutts, die in der Tundra nisten, aber im Watt übersommern. Im nordfriesischen Wattenmeer schätzen Vogelwarte allein ihre Zahl auf über 400 000 Exemplare.

Austernfischer haben ihren Namen zu Unrecht. Ihre Vorliebe für Weichtiere und Würmer wird nur ab und zu durch Muscheln ergänzt. Doch einmal auf den Geschmack gekommen, spüren sie mit ihren langen roten Schnäbeln Muschelkolonien im Schlick oder Sand auf. Die Plattmuscheln bringen die Vögel auf einen harten Untergrund und zerschmettern mit wenigen Schnabelhieben das Muschelgehäuse. Ich habe beobachtet, wie die kräftigen Vögel dabei ihr ganzes Körpergewicht einsetzten. Interessant war zu sehen, wie ein Austernfischer eine besonders große Muschel knackte: Er verwendete seinen seitlich schmal zusamengedrückten Schnabel mit der meißelartigen Verdickung an der Spitze wie ein Brecheisen, setzte ihn in der Siphonöffnung der Muschel an und öffnete mit Hebelwirkung die Schale.

Eine andere Art um an Nahrung zu gelangen, hat der Steinwälzer entwikkelt. Im hohen Norden zuhause, verbringt er den Sommer gern im Watt. Ihn zu beobachten, ist ein abwechslungsreiches Unternehmen. Von weitem sieht es so aus, als laufe der Vogel ziellos am Strand hin und her. Kommt man näher an das Tier heran, ist es eher ein geschäftiges Treiben: Blitzschnell dreht der Vogel mit seinem Schnabel Steine und Tang, aber auch Treibholz und sogar angeschwemmte Dosen und Flaschen um, in der Hoffnung, darunter verborgene Weichtiere und Insekten zu erbeuten.

Das Watt ist eine empflindliche Welt mit sehr komplexen ökologischen Beziehungen. So beginnen zum Beispiel Bodenbrüter, wie Seeschwalben, Säbelschnäbler und Regenpfeifer unter der überdüngten Pflanzengesellschaft zu leiden. Besonders eindringlich erkannte ich das bei einem Besuch der Silbermöwenkolonie auf der Insel Langeoog. Als intelligenter, anpassungsfähiger Vogel wird diese Möwe außergewöhnlich gut mit der Zivilisation fertig. Sie nutzt ganzjährig das ergiebige Nahrungsangebot der Müllplätze und profitiert von den vielen Abfällen der Fischereihäfen. Es gibt Kolonien dieses eleganten Vogels mit 6 000 und mehr Tieren. Durch ihren Kot – genauso wirksam wie Guano-Dünger – wird der Boden der Inseln so stark gedüngt, daß die stickstoff- und phosphatliebenden Pflanzen stark ins »Kraut« schießen. Sie bieten zwar den jungen Silbermöwen Schutz vor Feinden und Hitze, machen aber anderen Bodenbrütern Nestbau und Aufzucht der Nachkommen unmöglich.

Federputz und Imponiergehabe beim Duell im Morgengrauen: Wichtige Hilfe für die Auswahl des Bräutigams.

Mit einem Trick korrigieren Vogelwarte diesen Ausrutscher der Natur: Sie wechseln den Möwen die Eier aus. Statt Möweneier liegen dann Kunsteier im Nest, aus denen niemals Junge schlüpfen. Frühere Eindämmungen der Silbermöwenpopulation mit Giften oder durch Eieranstechen haben sich nicht bewährt. Während die eine Maßnahme zu erneuter Umweltbelastung führte, forderte die andere die Möwen zu einer erneuten Eiablage heraus. Sil-

▷
Ein Schwarm Austernfischer startet meerwärts.

▷▷
Brandseeschwalben greifen an.

▷▷▷
Ein Schwarm Dunkler Wasserläufer beim Start.

Pflanzenspezialisten der Nordseeküste.

Wo strandnahes Watt allmählich verlandet, hat meistens der Queller (rechts) entsprechende Vorarbeit geleistet: Er bindet den fetten Schlickboden und speichert das Meersalz in seinen prallen Stengeln. Der Strandhafer (unten mit Seeregenpfeifer) siebt den Flugsand aus der Luft. Der farbenprächtige Strandflieder (links) scheidet über Spezialdrüsen einen Teil des aus dem Boden aufgenommenen Salzwassers wieder aus.

bermöwen sind auf den Vogelinseln keine friedlichen Nachbarn. Sie zerstören oft das Gelege anderer Vogelarten, ja sogar anderer Möwenfamilien. Ähnliche ökologische Auswirkungen, also Beeinflussungen des Naturhaushalts, erkennt man auch im Deichvorland. Wenn die Pflanzen am Rand des Watts in die Höhe wachsen – ohne daß Schafe und Rinder ihrer Herr werden, ziehen Austernfischer, Säbelschnäbler, Uferschnepfen, Rotschenkel und Kampfläufer ein anderes Brutrevier vor.

Der Kampfläufer ist in Gestalt und Verhalten der erstaunlichste Vertreter der großen Familie der Wasserläufer oder Schnepfenvögel. Während sich im Winter die Geschlechter des Kampfläufers kaum voneinander unterscheiden, legen die Männchen im Frühjahr ein farbenprächtiges Balzgefieder an. Ihr Hals ist mit einer seltsamen Krause aus bunten Federn verziert. Das verblüffende an diesem Federputz, der beim Erscheinen eines Weibchens kokett aufgeplustert wird: Es gibt nicht zwei Männchen, die in der Farbzusammenstellung des Kragenschmuckes identisch sind. Wenn die Kampfläufer im April aus ihren afrikanischen Winterquartieren zurückkehren, versammeln sich die Männchen, oft zehn bis zwanzig an der Zahl, auf bestimmten Plätzen der Wiesen, um hier ungewöhnliche Turniere auszutragen.

Den Vorderkörper leicht herabgeneigt, den Balzkragen und die Federohren voll entfaltet, vollführen die Tiere mit ihren weichen Schnäbeln temperamentvolle Gefechte, in denen besonders erregte Tiere im Duell sogar über dem Boden flatternd kämpfen. Ich werde das Schauspiel eines Kampfläuferschwarms nicht vergessen: Jeder der Kämpfer eilte an einen angestammten Platz. Die Balzarena war nach Rang – vornehmlich Alter und Stärke – aufgeteilt. Die »ranghöchsten« Tiere beanspruchten das mittlere Territorium, die Männchen mit niederem Rang mußten sich mit dem Rand bescheiden. Sie wa-

Fast politisch: Die Farbe bestimmt den Rang und Scheingefechte sollen blenden. Verletzungen aber gibt es nie.

ren es auch, die zum Angriff in die Mitte vorstießen, während die »Höheren« ihre Plätze verteidigen mußten. Je nach Rang wechselte die Tönung der Halskrause: Die »Satelliten« trugen eine weiße Krause und erfüllten nur Nebenrollenfunktion. Je mehr ein Kampfläufer zu bieten hatte, um so dunkler wurde das Imponiergefieder. Eine solche geräuschvolle Versammlung balzender Männchen muß die Weibchen anlokken. Und wenn sie erscheinen, werden sie streng nach Zeremoniell begrüßt: Die Männchen schlagen mit den Flügeln, entfalten ihren Balzkragen und stellen die Federohren auf. Sie umkreisen ihren halbmeterbreiten Stammplatz, traktieren mit Schnabelhieben temperamentvoll ihre Nachbarn oder liefern sich ein Scheingefecht mit einem Rivalen, wobei es aber nie zu Verletzungen kommt. Sobald ein oder mehrere Weibchen die Arena betreten,

▷
Entenmuscheln auf Treibgut – ein faszinierender Anblick, aber auch willkommene Leckerbissen für die Eiderenten.

Die Kinderstube der Vögel liegt zwischen Düne und Watt.

Der etwa amselgroße Rotschenkel (links), ist etwas steifbeinig, balzt sein Weibchen mit nickendem Kopf, hängenden Flügeln, hübschen Knicksen und Verbeugungen an. Er trillert und flötet angenehm und weist ihm mehrere Nestmulden vor. Später hilft er ihm auch beim Ausbrüten der vier kugelförmigen steingrauen Eier. Mit fast 100 Zentimeter Flügelspannweite zählt die Lachseeschwalbe (oben rechts) zu den größten Seeschwalben an der Nordseeküste. Der Temminck-Strandläufer (oben außen) ist hier eine Rarität, der Austernfischer (rechts unten) eine der auffälligsten Erscheinungen in der Wattlandschaft.

Flieger über dem Wattenmeer.

Die fast bussardgroße Silbermöwe (links) ist ein verhaßter Eierräuber. Junge Baßtölpel beim Formationsflug (links unten außen). Streitende Raubseeschwalben (Mitte unten). – Küstenschwalbe (unten) vor dem Strahlenkranz der Sonne.

sinken die flatternden Helden vor Erregung zitternd zu Boden, richten sich wieder auf und begrüßen die so angehimmelten Damen mit nach unten gerichteten Schnäbeln. Das Weibchen hat freie Wahl unter den Bewerbern, die jedoch nie auf einen rangniederen Kampfläufer fällt.

Kein anderer Platz in Europa ist für Brandgänse so sicher und nahrungsreich wie der Große Knechtsand. Heute noch.

Im Sommer – von Juli bis August – wird das Wattgebiet auf dem großen Kechtsand zwischen Elbe- und Wesermündung zum Mauserplatz eines der eindrucksvollsten Küstenvögel Nordeuropas. Jahr für Jahr kommen ca. 100 000 Brandgänse aus der Deutschen Bucht, England, Holland, Belgien, Irland, Skandinavien und der UdSSR, um hier ihre alten Federn abzuwerfen und ein neues farbenprächtiges Kleid anzulegen. Vier Wochen lang sind die Tiere flugunfähig. Kein anderer Platz in Europa als der Knechtsand gewährt ihnen soviel Sicherheit vor Feinden und zudem ausreichend Nahrung. Das Nistverhalten der herrlich gefärbten Gänse, ist heute Grund für ihre Seltenheit in der deutschen Insellandschaft: Brandgänse benötigen Brutröhren. In den Kaninchenhöhlen der Dünen bauen sie ihre Nester. Künstliche Brutröhren, von Vogelschützern in die Deiche gegraben, lassen sie hier und dort wieder häufiger auftreten. Zu den erbittersten Feinden der Brandgans gehört die allgegenwärtige Silbermöwe. Meist bereitet sie den niedlichen Brandgans-Küken schon auf ihrem ersten Ausflug zum Meer ein tödliches Ende.

Während die Zugvögel im Winter nach Süden flüchten, kommen andere Wasservögel aus der Polarregion an die Nordsee, um zu überwintern: Aus Nordrußland und Nordsibirien Zwergschwäne, aus Grönland und Spitzbergen Nonnengänse, aus dem Eismeer Ringelgänse. Jede Bedrohung der Wattküste würde auch die Tierwelt dieser Regionen bedrohen – wie alle Tiere zwischen Wasser und Land.

Je größer der Konflikt zwischen Erholung und Natur wird, je mehr Wassersportfahrzeuge in das Watt eindringen, umso enger werden die Tiere zusammenrücken müssen. Je größer auch der Konflikt zwischen Industrie und Natur wird, umso schwieriger wird es für die Tiere zu überleben. Eine unkontrollierte und unbegrenzte Nutzung durch den Menschen geht unweigerlich an die Substanz des Watts – und mindert irgendwann schließlich seinen Wert. Wenn die Vögel und Seehunde fort sind, würde das Watt zu einer gräßlich stinkenden Kloake des Meeres. Die gewaltige Biomasse hätte keine Endverbraucher mehr.

Selbst für die Wissenschaft ist der Wald noch voller Wunder und Rätsel – auch unser heimatlicher Forst.

In ei

Auf den Spu

nsamen Wäldern.
ren heimlicher Jäger

Die berühmtesten deutschen Märchen spielen im Wald – kein Zufall.

Zu allen Zeiten ging vom Wald etwas Geheimnisvolles aus, das den Menschen zumindest Ehrfurcht einflößte. Religionen unserer frühen Vorfahren verehrten Bäume sogar als Gottheiten.

Der römische Geschichtsschreiber Tacitus berichtete ein Jahrhundert nach Christi über seine Eindrücke in der Heimat der Germanen: »Das Land wirkt unheimlich durch seine dunklen Wälder.« Ähnlich wie Harz und Spessart waren auch Schwarzwald und Bayerischer Wald einstmals gefürchtet und gemieden. Kein Wunder, daß viele Märchen und Sagen hier ihren Ursprung haben. Lange bevor die Wirkungen des Waldes auf unsere Umwelt dem Menschen bewußt geworden sind, hat der Wald auf das Seelenleben der Menschen eingewirkt. Bereits im Mittelalter wurde die geheimnisvolle Schönheit des Waldes, Märchenland der Gebrüder Grimm, von Wolfram von Eschenbach besungen.

Bis zum Mittelalter war der größte Teil Mitteleuropas von Wald bedeckt. Unsere heutigen Wälder unterscheiden sich ganz wesentlich von den Urwäldern der Vorzeit. Vorherrschend war damals der Eichenmischwald, durchsetzt mit Rotbuchen, Ahorn, Linden und Ulmen. Die Vernichtung dieser ursprünglichen Naturwälder begann in den Mittelmeerländern. Man brauchte Bauholz vor allem für den Schiffsbau, für die immer größer werdenden Flotten. Weiteren Schaden brachte die Weidewirtschaft. In der Türkei weiden heute noch etwa 12 Millionen Ziegen und ebenso viele Schafe in den letzten noch verbliebenen Wäldern.

Unser Wald – gebeutelt vom Vieh, gerodet von Köhlern. Die Reste: Baumäcker – Fichten in Reih und Glied.

Ähnliche Holzmassen wie der Schiffsbau vernichtete die Herstellung von Holzkohle für die Essen der Schmiede. Doch auch die zunehmende Landwirtschaft und Viehzucht wirkten sich verheerend auf die ursprünglichen Wälder aus, da die Bauern die Tiere ausschließlich in den Waldungen weiden ließen. Mit Beginn der Stallfütterung begann dann die für den Wald besonders schädliche »Streunutzung«, bei der herabgefallenes Laub und Nadeln dem Waldboden entzogen wurden, um sie als Einstreu für die Ställe zu verwenden.

Die schädlichen Auswirkungen der Entwaldung zeigen sich eindrucksvoll in den Mittelmeerländern, wo die einst von malerischen Wäldern bedeckten Gebirgszüge heute verkarstet sind und einen trostlosen Anblick bieten.

Den deutschen Wäldern wäre wohl in der Neuzeit ein ähnliches Geschick beschieden gewesen wie den Waldungen in den Mittelmeerländern, wenn

Heimliches Wild im Schattenreich des Waldes.

Die Stille eines Waldes trügt. Der flüchtige Besucher bekommt zwar in der Regel nur ein gutes Dutzend Tiere zu Gesicht – vor allem Vögel und Insekten. Tatsächlich aber leben wohl viertausend verschiedene Tierarten darin – von der Waldameise bis zum Rothirsch. Waschbären (rechts) und Fischotter (unten) gehören zu jenen Tieren, die man nur durch Zufall zu Gesicht bekommt. In den einsamsten und unwegsamsten Regionen der mitteleuropäischen Waldgebirge haben sich Restbestände von Wildkatzen (rechts außen) gehalten. Das scheue Raubwild war über Jahrzehnte so selten, daß es unter völligen Schutz gestellt wurde. Erst in jüngster Zeit hat sich der Bestand weitgehend erholt und nimmt inzwischen auch wieder zu.

Eines der auffälligsten Tiere in mitteleuropäischen Wäldern.

Das Leben des possierlichen Eichhörnchens spielt sich mehr auf den Bäumen als auf dem Boden ab.

Der Fuchs ist seines Lebens nicht mehr sicher.

Fuchs und Dachs, Marder und Wildkatze sind wichtige Glieder in der Lebensgemeinschaft Wald. Sie ernähren sich vorwiegend von fleischlicher Kost, wobei Mäuse und andere Nager den Hauptteil stellen. Gerade die Nagetiere können bei unkontrollierter Vermehrung großen Schaden am Pflanzenwuchs anrichten.

nicht rechtzeitig der Heizwert der Kohle entdeckt worden wäre. In der Zeit von 1750 bis 1850 hat die junge deutsche Forstwirtschaft und Forstwissenschaft den bis damals vernichteten Wald wiederaufgebaut, aber er hatte wenig Ähnlichkeit mit den Urwäldern. Er wurde zum Wirtschaftswald, eine rationelle Bewirtschaftung machte ihn zum Forst. Die Erkenntnis, daß Nadelholz auf gleicher Fläche und in der gleichen Zeit mehr Holz liefert als die Laubbäume und das Bemühen, möglichst hohe Erträge zu erzielen, führten zur Schaffung des schnellwüchsigen Nadelwaldes.

In Mitteleuropa sind nur wenige Reste des ursprünglichen Urwalds erhalten geblieben, so im Bereich der Alpen, in der Tschechoslowakei, in den Karpaten und im Bayerischen Wald.

Urwälder können wir nicht pflanzen – aber Mischwälder. Sie haben größten Erholungswert. Für Mensch und Tier.

Vernichtete Urwälder können vom Menschen niemals neu geschaffen werden. Denn die Natur hat dieses grandiose Ökosystem in mehr als zehntausendjähriger Entwicklung entstehen lassen.

Was wir aber erreichen können und womit in Staats- und Privatforsten tatkräftig begonnen wurde, ist die Wiederherstellung naturnaher Mischwälder. Heute wissen wir, daß der lichte Mischwald für den Menschen durch weit größere Artenfülle an Pflanzen und Tieren einen höheren Erholungswert hat als dunkle Fichtenmonokulturen. Darüber hinaus wird es immer mehr zur Verpflichtung, nicht allein dem alarmierenden Schwinden von Tier- und Pflanzenarten entgegenzuwirken, sondern die Möglichkeiten, Tiere, die bei uns bereits in ihrer Existenz bedroht sind oder gar verdrängt wurden, wieder einzubürgern oder in ausreichender Zahl zu vermehren. Das Rotwild, unsere größte freilebende Wildart, lebt heute überwiegend in dichtbewaldeten Mittel- und Hochgebirgslagen. Es sind vorwiegend Gegenden mit verhältnismäßig kargen Standorten. Die besseren sind schon vor Jahrhunderten vom Menschen für die Landwirtschaft gerodet worden. So muß diese Tierart mit dem größten Nahrungsbedarf auf den vergleichsweise ärmsten Böden leben. Kein Wunder, daß zuviel Rotwild auf zu engem Raum zu erheblichen Waldschäden führen muß.

Der Luchs ist kein Räuber. Im Gegenteil: Im bayerischen Wald hilft er dem Jäger. Als Regulator.

Kein Wunder auch, daß man sich heute immer mehr mit der Frage beschäftigt, ob und unter welchen Bedingungen man Beutegreifer wie Luchs, Bär, oder Wolf in schwer zu bejagenden Bergrevieren als Regulatoren des Wildbestandes und Helfer des Jäger wieder einbürgern sollte. Besonders geeignet erscheint der Luchs. Die einzige mitteleuropäische Großkatze ist nicht durch drastische Veränderungen ihres Lebensraumes ausgestorben, sondern durch rücksichtslose Nachstellungen des Menschen, der seine Nahrungskonkurrenz nicht duldete.

Die Rolle von Beutegreifern ist heute kaum umstritten. So wurde in der Eifel festgestellt, daß bei einem eher zu großen Wildkatzenbestand das Haselhuhn in seinem Bestand nicht beeinträchtigt wird. Die vordringliche Hegeaufgabe ist heute die Revier-Hege, die Reviergestaltung, nur so ist das ursprüngliche und gesunde Nebeneinander vieler Tierarten möglich. Wer dann noch sagt, »Ein Luchs gehört nicht in mein Revier!« verkennt, daß andere Beutegreifer wie Fuchs, Marder, Iltis, Hermelin oder Greifvögel größere Schäden anrichten können als die schöne Großkatze.

Neben dem Bayerischen Wald wären der Alpenraum, der Harz und der Pfälzerwald geeignete Lebensräume für unsere europäische Großkatze. Hin und wieder werden Luchse natürlich auch Haustiere erbeuten. Natürlich kann man nicht erwarten, daß etwa die Landwirte für den Schaden aufkommen

Die Rote Waldameise ist der beste Gehilfe des Forstmannes.

Bei Gefahr spritzen die wehrhaften Ameisen eine stark ätzende Säure gegen den Angreifer.

Die rote Waldpolizei sorgt für Ordnung im Insektenhaushalt des Waldes.

Die volkreiche Tierart der Waldameisen stellt unermüdlich schädlichen Waldinsekten nach und verhindert auf diese Weise die Störung des biologischen Gleichgewichtes. Bedauerlicherweise werden Ameisenburgen immer wieder von unwissenden Spaziergängern zerstört.

müssen. Es wäre daher selbstverständlich, wenn gelegentliche Schäden, die durch den Luchs verursacht werden, aus der Staatskasse bezahlt werden, wie dies in Schweden, Jugoslawien, Italien oder Norwegen längst üblich ist. Heute ziehen im Bereich des Bayerischen Waldes wieder einige Luchse ihre Fährte, sie stammen vorwiegend vom angrenzenden tschechoslowakischen Teil dieses größten zusammenhängenden mitteleuropäischen Waldgebietes. Vorteilhaft wäre es, wenn auf tschechoslowakischer Seite ein mindest ebenso großes angrenzendes Waldgebiet zum Nationalpark wird, womit die Überlebenschancen für Luchs und viele andere gefährdete Tierarten gesichert wären.

Bis zum 16. Jahrhundert waren auch Wölfe für die Bauern Inbegriff des Schreckens. Damals gab es nur wenige Kühe und die blieben auf dem Hof. Das Hauptnutztier des Menschen als Lieferant von Fleisch, Milch und Wolle war das Schaf. Die Schafzucht stand überall in Blüte. Die Tiere weideten in Wald und Flur und führten zu einer starken Vermehrung der Wölfe. Das wiederholte Reißen von Schafen führte manchmal dazu, daß die Bauern ihren »Zehnten« nicht aufbringen konnten oder daß es ihnen gar an Wintervorräten mangelte. Das änderte sich, als die Handfeuerwaffen aufkamen. Die Bekämpfung der Wölfe wurde zur Staatsaufgabe. Für tote Wölfe wurden beachtliche Prämien gezahlt.

Heute sind Wölfe in Europa so gut wie ausgestorben. Lediglich im italienischen Abruzzen-Nationalpark leben

Wölfe und Bären meiden die Menschen. Doch sie fressen gern Haustiere. Weil sie sich leicht erbeuten lassen.

noch etwa 20 Exemplare. Mit rund 40 000 Hektar Fläche ist dieses Naturschutzgebiet nahezu dreimal so groß wie der Nationalpark Bayerischer Wald. Es leben hier fast 7000 Menschen. Das ist sehr wenig bei seiner beachtlichen Ausdehnung. Es gibt etwa 10 000 Schafe, ungefähr 500 Gemsen und 45 Stück Rotwild, die erst in jüngster Zeit eingebürgert wurden. Einige der Wölfe tragen einen Sender am Halsband, die

den Forschern der Nationalparkverwaltung die Möglichkeit bieten, mit den Tieren in Kontakt zu bleiben. Man kennt ihre Standorte, ihre Jagdausflüge. Man findet ihre Beutereste und erkennt daran, welche Beutetiere in welchem Zeitablauf in wie großer Zahl gerissen werden. Da das Abruzzen-Nationalpark sehr schwach von Menschen besiedelt ist und den Bauern der Schaden durch das Reißen von Haustieren durch die Wölfe bezahlt wird, werden diese faszinierenden Wildtiere in Italien auch künftig in freier Wildbahn ihre Fährte ziehn. Im deutschen Nationalpark wäre eine Wiedereinbürgerung von Wölfen nur dann möglich, wenn sich an das deutsche Nationalparkgelände im Bayerischen Wald ein mindest ebenso großes Gebiet jenseits der tschechoslowakischen Grenze anschließen würde.

Ähnlich sind die Überlebenschancen der Braunbären in Europa. Es gibt noch an die tausend Bären in den rumänischen und ungarischen Karpaten, an die 250 in der Tschechoslowakei, an die 300 im polnischen Teil der Karpaten. Selbst in Tirol, in der Brentagruppe, leben noch drei oder vier Bären. In den

In den unwegsamsten Bergwäldern lebt noch das Auerwild.

Die Nahrungsansprüche dieser gänsegroßen Waldhühner sind bescheiden: Der Auerhahn (links unten) begnügt sich mit Rinde, Waldbeeren und Kräutern, die Auerhenne (rechts) frißt während der Brutzeit im Frühjahr zusätzlich Insekten. Nur zur Balzzeit im Frühjahr geraten sich die liebestollen Hähne (oben) in die Haare bzw. ins Gefieder.

letzten Jahren hat man Überlegungen angestellt, wie man diese herrlichen Wildtiere in passenden Waldgebieten Europas, wo sie seit langem verschwunden sind, wieder ansiedeln könnte, zumal freilebende Bären dem Menschen nicht gefährlich werden, es sei denn, man belästigt sie. Angeschossen oder in die Enge getrieben, ist der Bär ein gefährlicher Gegner. Schwierigkeiten bei der Wiedereinbürgerung machen die Nahrungsgewohnheiten der Bären. Gewöhnlich leben sie von allerlei Pflanzen und Beerenfrüchten, von Kerbtieren, Schnecken und Aas. Bären sind praktisch Allesfresser.

Natürlich reißen sie auch mal Rehe oder Hirsche, doch mit Vorliebe machen sie es sich bequem und jagen kranke und altersschwache Tiere. Da sie Haustiere, wie Schafe, Ziegen, Rinder und Pferde weit leichter erbeuten können als Wildtiere, machen Bären in der Nähe menschlicher Siedlungen oft viel Ärger, so daß wir im Bundesgebiet Deutschland kaum die Möglichkeit haben, Wolf oder Braunbär in freier Wildbahn zu erleben. Anders ist das mit der Wildkatze.

Niemals gefährdet eine Tierart die Existenz einer anderen! Das schafft nur der Mensch.

Früher sah man sie als tückische Bestie an, die vorwiegend Hasen, Rehkitze und Hirschkälber tötet. Heute wissen wir, daß die Wildkatze für das biologische Gleichgewicht im Waldhaushalt eine wichtige Aufgabe hat. Untersuchungen von Nahrungsresten haben ergeben, daß die Wildkatze vor allem von Kleinsäugern wie Maus, Maulwurf, Ratte, Mauswiesel, Hermelin und Eichhörnchen lebt. Natürlich werden gelegentlich auch Vögel, ein Junghase und ein Rehkitz zu Beutetieren. Da aber Mäuse in der Hauptsache zur Nahrung der Wildkatze gehören, besteht kein Zweifel, daß der Nutzen der Wildkatze für das Revier überwiegt. Die Jäger haben das früh erkannt und sie schon 1934 unter Schutz gestellt. Dank ihrer wachen Sinne konnte die europäische Wildkatze in der Bundesrepublik in verschiedenen Bergwaldungen wie Hunsrück, Harz und Eifel überleben. Leider vermischen sich Wildkatzen und Hauskatzen, die ja derselben Art angehören.

Während man damit rechnete, daß der Wildkatzenbestand in der Bundesrepublik nur ein paar hundert Tiere umfaßt, schätzt man, daß es wenigstens 100 000 verwilderte Hauskatzen gibt. Aus der Ferne sind sie garnicht so leicht voneinander zu unterscheiden. Ein sicheres Erkennungszeichen der Wildkatze ist der gleichbleibend starke am Ende abgerundete Schwanz. Bei der Hauskatze ist er verdünnt und läuft spitz zu.

Nur noch in ganz wenigen einsamen Waldregionen, die Feuchtgebiete, wie unverbaute Flüsse, Bäche, Seen und Tümpel aufweisen, lebt heute noch der Fischotter. Daß kaum einer unserer Zeitgenossen diesen prachtvollen Wassermarder je in freier Natur gesehen hat, während man seiner Verwandtschaft – wie Stein- und Baummarder, Iltis, Dachs und Wiesel doch noch gelegentlich begegnen kann, liegt an der radikalen Änderung seines Lebensraumes. Wohl hat man den Fischotter seit Jahrhunderten gnadenlos verfolgt, einmal wegen seines wertvollen dichten Pelzes, zum anderen, weil er als Fischfresser verschrieen war. Die Jägerschaft hat diese gefährdete Tierart längst unter Schutz gestellt. Der alarmierende Rückgang der Fischotterbestände in den letzten 50 Jahren liegt weit weniger an der Bejagung, als an dem oft so kurzsichtigen Veränderungsdrang des Menschen, der den Otter seines natürlichen Lebensraumes beraubt und ihm seine Nahrungsgrundlage entzieht. Die

Bei Einbruch der Dunkelheit beginnt ihre Jagd.

Auf lautlosem Flug halten Eulen, Käuze und Fledermäuse nach Beute Ausschau. Zu keiner Zeit ist der Wald lebendiger als in der jungen Nacht. Uhu (links oben), Steinkauz (rechts oben) und Schleiereule (rechts) haben für ihre »Nachtarbeit« bemerkenswerte Techniken entwickelt. Die Zwergfledermaus (Mitte oben) und das Großohr (rechts unten) nehmen ihren Nachwuchs zur Jagd mit.

Zwischen den Stauden des Roten Fingerhuts äst ein Rothirschrudel.

Nach der Paarungszeit im Herbst werden aus den konkurrierenden Hirschen wieder Partner; denn bei den Rothirschen leben die männlichen und weiblichen Tiere in streng voneinander getrennten Rudeln.

Schmarotzer gibt es auch im Reich der Vögel.

Das Kuckucksweibchen hat ein Teichrohrsängernest entdeckt, frißt die fremden Eier und legt sein eigenes Ei hinein.

Bisher ein Geheimnis – jetzt erstmals fotografiert

Ein junger Kuckuck, bugsiert vor den Augen seines Wirtsvogels, eines Teichrohrsängers, dessen Eier aus dem Nest (oben und rechts oben). Nachdem das Kuckucksweibchen sein Ei ins fremde Nest gelegt hat, vervollständigt der »betrogene« Wirtsvogel ahnungslos sein Gelege (rechts).

Fischbestände unserer Flüsse und Seen haben nicht darunter gelitten, daß der Fischotter von ihnen lebte. Die Verunreinigung der Gewässer ließ und läßt die Fische dahinsiechen, und Flußregulierungen taten ein übriges. Die Verschmutzung erschwert dem Otter bei der Sichtjagd den Beuteerwerb. Und hinzu kommt die Ansammlung von Schadstoffen in den Beutetieren. Übrigens muß man der altüberlieferten Auffassung mancher Fischer, der Otter lebe fast ausschließlich von Fischen, entgegenhalten, daß er sich durch das Vertilgen von Schermäusen und Bisamratten sogar nützlich macht. Mit Vorliebe fängt er Krebse, die freilich in unseren biologisch gefährdeten Gewässern gleichfalls selten geworden sind. Er verzehrt auch Bläßhühner und anderes Wassergeflügel, ebenso deren Eier, ferner Frösche und Wasserinsekten. Fische machen gewiß einen großen Teil seiner Ernährung aus, aber ein hoher Prozentsatz davon besteht aus kranken Fischen, die er viel leichter erbeuten kann als gesunde.

An dieser Stelle sei an einen Erfahrungssatz der Wildbiologie erinnert: Niemals gefährdet eine Tierart die Existenz einer anderen! Der rapide Rückgang so vieler wildlebender Tiere ist stets ein Hinweis darauf, daß der Mensch die Lebensräume den Naturhaushalt, nachteilig verändert hat. Die Natur selbst hält das Gleichgewicht. In der Obhut von Menschen können Fischotter, wie viele Erfahrungen zeigen, sehr zutraulich werden. Daher erscheint es verlockend, die Tiere zu züchten und später in passenden Land-

Fischotter gibt es fast nur noch im Zoo. Vorurteile und Umweltgifte machten ihnen den Garaus.

schaften auszusetzen. Leider erweist sich dies in der Praxis als sehr schwierig. Viele zoologische Gärten halten Fischotter, weil die possierlichen verspielten Tiere zu den Publikumslieblingen gehören. In Gefangenschaft leben sie aber oft nicht lange. Man wird also den Europäischen Fischotter in keinem zoologischen Garten mehr zur Schau stellen dürfen, um das weitere Ausschöpfen der Restbestände aus dem Freiland zu vermeiden; mit der Ausnahme, daß sich ein Zoo auf die Artvermehrung gefährdeter heimischer Tierarten spezialisiert hat. Ich denke hier besonders an den Alpenzoo in Innsbruck, dessen Direktor, Prof. Hans Psenner, in den vergangenen Jahren überraschende und regelmäßige Zuchterfolge beim Biber hatte. Der erste, dem es bisher glückte, den Europäischen Fischotter zu züchten, ist Philipp Wayre, der sich in seinem Wildpark Norfolk, in England, ausschließlich mit europäischen Säugetieren befaßt und sich auf Fischotter spezialisiert hat. Auch ihm liegt es besonders am Herzen, den Fischotter in gerade noch passenden Landschaften wiedereinzubürgern. Bevor dies jedoch möglich ist, bleibt noch viel Aufklärungsarbeit zu leisten. Erst wenn die breite Öffentlichkeit diese bezaubernden, harmlosen Tiere und ihre Bedrohung kennt, wäre es zu verantworten, sie dem Freiland zu überlassen. Überdies müßten die in Frage kommenden Gebiete gründlich auf ihre ökologische Beschaffenheit überprüft werden. Zu-

Der Uhu, der König der Nacht paßte lange nicht in unseren Wald. Heute wissen wir es besser. Fast zu spät.

nächst sollte man die von Wayre und nunmehr auch im Alpenzoo gezüchteten Otter dazu benutzen, sie auch an anderen Plätzen nach den bereits erkannten Möglichkeiten in passenden Gehegen weiterzuzüchten. Ideal erscheint dies dort, wo es Fischotter noch im angrenzenden Freiland gibt. So hat der Nationalpark Bayerischer Wald ein Zuchtgehege geschaffen. Sollte es hier zu Nachwuchs kommen, wäre gewiß eine ideale Voraussetzung ge-

Aufopfernde Hingabe für das ungebetene Stiefkind.

Der »Mörder« des Teichrohrsänger-Nachwuchses wird von den erblich vorprogrammierten Pflegeeltern mit derselben Selbstverständlichkeit gefüttert und »trockengelegt«, als wären es die eigenen Jungen. Der Aufwand für einen heranwachsenden Kuckuck ist in etwa vergleichbar mit dem für vier junge Teichrohrsänger.

schaffen, den bedrohlich geschrumpften Restbestand freilebender Otter zu vermehren, zumal Fachbiologen in einem Nationalpark Einfluß darauf nehmen können, daß den Tieren die bestmöglichen Lebensbedingungen geboten werden.

Zu den eindrucksvollsten Großvögeln unserer Heimat, die vom Aussterben bedroht sind, gehört der Uhu. Daß er die Sage vom wilden Jäger inspirierte, kann jeder nachempfinden, der einmal sein dumpfes »Buhu«, das ihm den Namen eintrug, durch den dunklen Wald hat tönen hören. Mit 60 bis 80 Zentimetern Länge und einer Flügelspannweite bis zu 175 Zentimetern ist der Uhu unsere größte Eule und wird nicht von ungefähr als »König der Nacht« gerühmt. Manch unkundigem oder gar abergläubischem Wanderer mögen seine gruslig klingenden Rufe schon kalte Schauer über den Rücken gejagt haben. Zu Gesicht bekommt freilich nur der geduldige Beobachter den lautlos dahingleitenden Nachtvogel, der sich tagsüber verborgen hält.

Einst war der Uhu in allen deutschen Waldgebieten zu Hause. Bis zur Jahrhundertwende hielten sich noch Restbestände in den meisten ausgedehnten Bergwaldungen. Daß er dann in vielen Gegenden, zum Beispiel in Hessen,

Gezüchtete Uhus müssen die Jagd erst erlernen. Der Trieb ist angeboren. Nicht die Perfektion.

Rheinland-Pfalz, Nordrhein-Westfalen und Schleswig-Holstein ausgerottet wurde, liegt vor allem an der starken Bejagung. Man gönnte diesem herrlichen Vogel nicht die Kaninchen, Junghasen und Rebhühner, die zu seinen Beutetieren gehören. Darüber hinaus gab es immer wieder Leute, die sich das Wohn- oder Jagdzimmer mit einem ausgestopften Uhu »zieren« wollten. Den wohl empfindlichsten Aderlaß brachte das Aushorsten von Jungvögeln, die für die Hüttenjagd aufgezogen wurden. Da Krähen und Greifvögel auf den angepflockten Uhu hassen, wurden lebende Uhus auf einer Jule im Gelände angebunden. Die heranstreichenden Vögel konnten dann in großer Zahl von einem gut getarnten Versteck aus abgeschossen werden. Diese als »Niederwildhege« verstandene Maßnahme hat sich nicht nur auf den Bestand des Uhus, sondern auch vieler Greifvögel fatal ausgewirkt. Eine weitere Dezimierung erfuhren die zumeist niedrig dahinstreichenden Uhus durch die Verdrahtung der Landschaft.

Zwischen 1910 und 1937 hatte man bereits versucht, durch das Aussetzen von 60 Uhus in passenden Revieren eine Bestandsaufbesserung zu erreichen. Leider blieben diese Bemühungen seinerzeit ohne Erfolg. Heute verfügen wir über reichere und bessere Erfahrungen mit der Wiedereinbürgerung verschwundener Arten und einer Vermehrung existenzbedrohter Tiere. Die damaligen Versuche schlugen fehl, weil die ökologischen Voraussetzungen nicht ausreichend untersucht worden waren. Die Wiedereinbürgerung hat nur dann Aussicht auf Erfolg, wenn vor allem felsenreiche Waldgebiete vorhanden sind, in deren Nähe sich Gewässer befinden, wo sich im Winter Bläß- und Teichhühner sammeln und auch Bisamratten vorkommen. Besonders günstig sind Reviere mit vielen Wildkaninchen.

Das Wiedereinbürgerungsgebiet darf aber nicht so isoliert sein, daß die Uhus keinen Kontakt zu den freilebenden Beständen halten können. Es ist daher am besten, am Rande noch bestehender Vorkommen mit den Aussetzungen »weiterzubauen«. Isolierte Einzelvorkommen sind auch bei gesunden Beständen nicht von Dauer.

Um in passenden Landschaften mit geringem Uhuvorkommen eine Bestandsvermehrung zu erreichen, zeichnen sich zwei Möglichkeiten ab: Man kann in Horste, die nur ein bis zwei Junge enthalten, ein weiteres einquartieren. Wenn dies mit Junguhus im Alter von etwa drei Wochen geschieht, werden sie von den Altvögeln ohne weiteres akzeptiert. Die zweite Möglichkeit besteht darin, in Volieren gezüchtete Uhus zu gegebener Zeit auszuwildern.

Die größten Tiere in den Wäldern Mitteleuropas.

Der imposanteste Vertreter des mitteleuropäischen Wildes ist der Rothirsch (rechts). Er erreicht eine Körperlänge von mehr als zwei Metern und eine Schulterhöhe von fast eineinhalb Metern. Das bei alten Hirschen eindrucksvolle Geweih wird im Februar abgeworfen und wächst bis zur Brunftzeit im Herbst wieder nach. Das wehrhafteste Wild in diesen Breiten ist das Wildschwein (oben), das stärkste Raubtier der seltene Luchs (oben rechts).

Schon die ersten Versuche vor dem Krieg hatten gezeigt, daß ein Aussetzen erwachsener Junguhus im Freiland ohne besondere Vorbereitungen zu bösen Fehlschlägen führt. Die Vögel müssen nämlich erst einmal an das Schlagen lebender Beute gewöhnt werden. Nach Untersuchungen können Junguhus ab dem 80. Lebenstag lebende Kleintiere schlagen, und im Alter von 110 bis 150 Tagen beginnen sie, auch ihnen bis dahin unbekannte Beutetiere zu greifen.

Paarweise in die Freiheit: Erst das Weibchen, dann der Uhumann. So gelingt die Umstellung.

Ich besuchte Peter Mannes, der im Rahmen der Uhu-Vermehrung des Deutschen Bundes für Vogelschutz in Niedersachsen mit Zucht und Aussetzen von Uhus beauftragt wurde. Die Voliere, in der die Vögel an das Schlagen von lebender Beute wie Mäuse oder Ratten gewöhnt wurden, hatte eine Länge von 16 Metern, eine Breite von vier Metern und eine Höhe von drei Metern. Darin befanden sich 12 Uhus. In dieser Großvoliere, die speziell dafür geschaffen war, in Volieren gezüchtete Junguhus an das selbständige Schlagen von Beute zu gewöhnen, konnte ich gut erkennen, daß der Trieb zur Beutejagd den Vögeln angeboren ist, die Perfektion aber, ein Beutetier aus dem Flug zu überwältigen, muß durch viel Übung

Greifvögel sind für einen gesunden Naturhaushalt von entscheidender Bedeutung.

Tollkühn und draufgängerisch, ebenso listig wie mißtrauisch, und am Horst angriffslustiger als jeder Adler – der gelbäugige Habicht, der hier seine Brut vor einem Gewitterregen schützt (links). Wesentlich träger und matter in seinen Bewegungen ist der etwas kleinere Wespenbussard (rechts). Der spezialisierte Insektenfänger frißt am liebsten die mit Honig und Maden gefüllten Waben von Wespen, Hummeln und wilden Bienen.

erlernt werden. Erst nach vielen Versuchen werden sie gute Jäger, die aus dem Anflug die Krallen fest in die Beute schlagen.

Für die Freilassung von Uhus in Gebieten, in denen sie restlos verschwunden sind, empfiehlt es sich, ein erwachsenes Uhupaar ein bis zwei Wochen in einer ähnlichen Voliere zu halten. Danach entläßt man zuerst nur das Weibchen ins Waldrevier. Es bleibt aber mit dem in der Voliere verbliebenen Männchen in Kontakt. Neben der Auslassungsvoliere wird ein Futterplatz unterhalten. Wenn dieser regelmäßig vom Weibchen besucht wird, kann man auch das Männchen ins Freiland entlassen. Durch seine Bindung an das Weibchen wird nun auch der Uhumann den Futterplatz besuchen. Nach bisherigen Erfahrungen nehmen die Vögel das ausgelegte Futter etwa drei bis vier Wochen lang an. Danach haben sie sich ganz auf selbständige Nahrungsbeschaffung umgestellt.

Jährlich wird ein Stück Landschaft erschlossen. So groß wie der Bodensee. Die Natur stirbt. Lautlos.

Diese sehr arbeitsintensiven Möglichkeiten sind allerdings nur geeignet, lückenhafte Uhuvorkommen aufzufüllen. Wenn große Gebiete neu besiedelt werden sollen, können die bescheidenen Etats privater oder staatlicher Naturschutzstellen dies nicht finanzieren. In Norddeutschland, besonders im Harz und im Weserbergland, entwickelten zwei Arbeitsgruppen das schon erwähnte weniger aufwendige Verfahren, junge Uhus, die in Zoos oder bei Privatpersonen bei richtiger Pflege sehr gut züchten, in weiten Volieren auf Fluggewandtheit und das Schlagen lebender Beute zu gewöhnen. Im September, wenn sie augenscheinlich ihre Lektion gelernt haben, werden sie am Rande großer Waldgebiete freigelassen.

Da Junguhus angeborenermaßen im 50 bis 100-Kilometer-Radius wandern, ist dieses Verfahren nur sinnvoll, wenn die Aktion über viele Jahre mit einer größeren Anzahl fortgeführt wird. Nur dann ist sichergestellt, daß ein Uhu, der nach seiner Wanderzeit ein Revier besetzt hat, auch tatsächlich von einem Partner gefunden wird.

Es rollen heute bereits weit mehr Autos über unsere Straßen, als Hirsche und Rehe ihre Fährten durch Wald und Flur ziehen. Die Verkehrs- und Siedlungsflächen wachsen noch immer, obwohl man längst eine Stabilisierung der Entwicklung erwartet hatte. In jedem Jahr wird damit ein Gebiet von der Größe des Bodensees der Natur entrissen. Die Notwendigkeit noch verbliebene naturnahe Landschaften mit einer unersetzlichen Tier- und Pflanzenwelt zu bewahren, führt erfreulicher Weise zu stärkerer Zusammenarbeit zwischen Jägern, Natur- und Umweltschützern. Das zeigten in den letzten Jahren viele gemeinsame Bemühungen, die bedrohten, ganzjährig geschützten Auer- und Birkhühner mit Hilfe von Vögeln wieder anzusiedeln, die in Volieren gezüchtet wurden. Ebenso die Mitarbeit der Jägerschaft bei der Dauerbewachung unserer gefährdeten Seeadler und Wanderfalken an ihren Nistplätzen. Besonders wichtig ist die Zusammenarbeit aller Verbände, denen Biotop- und Artenschutz am Herzen liegt, bei Raumordnungsverfahren, wenn es um die Gefahr der Erschließung und Überbauung wertvoller Refugien und landschaftlicher Idyllen geht.

Immer mehr Bürger fordern heute, daß zehn Prozent von den verschiedenen Lebensräumen von der Zivilisation verschont werden muß. Denn nicht nur der Mensch, auch die Tiere brauchen Erholungslandschaften.

Bunter Pflanzenschmuck in Laub- und Nadelwäldern.

Goldgelbe Sumpfdotterblumen (links oben) und violettblaue Leberblümchen (links) gehören zu den ersten Frühlingsboten. Es folgen Blaustern (rechts oben) und Weidenröschen (rechts außen) Ganzjährig sind die winzigen Becherflechten (rechts) anzutreffen.

Heidschnuckenherden und Wacholder gehören zu dieser Landschaft, die von Hermann Löns in unzähligen Liedern besungen und in Romanen beschrieben wurde.

Naturwunder

Lüneburger Heide. aus Menschenhand

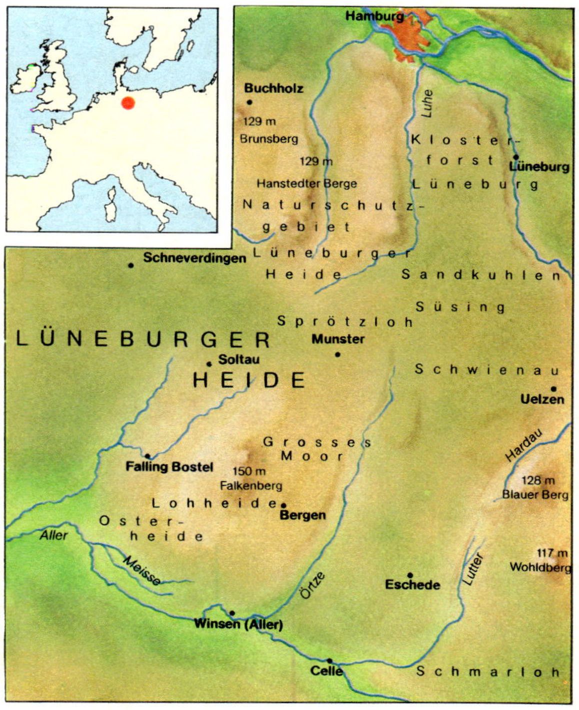

Heidschnucken halten die Heideflächen kahl – nur Wacholder verschonen sie.

Im gleichen Maße wie die jahrhundertealte Zucht der Heidschnucken – Schafe, die wahrscheinlich Mufflonblut in sich tragen – zurückging, rückte der Wald wieder nach. Heute wird die Heide häufig künstlich »entkusselt«, denn die wenigen Heidschnukkenherden reichen schon längst nicht mehr aus, das rosenrote Land, das einst von Hamburg bis Hannover reichte, vom düsteren Nadelwald freizuhalten.

Einzigartig in Europa sind die Heidelandschaften in Nord- und Süddeutschland. Sie sind Menschenwerk – sozusagen handgemachte Natur auf kahlgeschlagenen Waldgebieten. Doch in unserer Zeit erobert sich der Wald die Heide zurück.

»Heide«, das ist ein mittelhochdeutsches Wort, es bedeutet soviel wie »unbebautes, wildwachsendes Land«. Doch das trifft auf die deutschen Heideflächen, die fast ein Zehntel der Bundesrepublik bedecken, so nicht zu.

Denn vor vielen hundert Jahren gab es die Heide noch gar nicht. Da wuchsen dort, wo heute Heide ist, noch ausgedehnte Eichenwälder. Erst als diese für Schiffs- und Bergbau total abgeholzt waren, überzogen sich die Ödflächen mit einem rosaroten Teppich aus Heidekraut.

Genaugenommen ist diese Heidepflanze kein Kraut, sondern ein winterharter, verholzter Zwergstrauch, der Calluna – die Schöne – heißt, und auch als Besen- oder Edelheide bezeichnet wird. Die vielbesungene »Erika« ist die Glockenheide, sie ist mit ihren fleischroten Blütendolden viel seltener und wächst nur auf Moorböden am Rand der Heide.

Nur sehr mageres, für Kulturzwecke fast unbrauchbares Land wird von der Calluna bewachsen, die bis zu einem Meter hoch wird. In den süddeutschen Heidegebieten herrscht die Frühlingsheide vor, deren dunkelrote Staubbeutel fleischrote Blütentrauben zieren.

Weitere typische Heidepflanzen sind die buntblütige Krähenbeere, deren schwarze Früchte berauschend wirken sollen, der stark nach Gewürzen duftende Porst und die ähnlich der Glockenheide feuchtigkeitsliebende Gränke, besser als Wilder Rosmarin bekannt.

Heidschnucken und Menschen müssen die Bäume kurz halten. Damit die Heide nicht zum Wald wird.

Wie Spukgestalten in dunkelgrünem Loden stehen die Wacholderbüsche mit ihren kleinen, spitzen Nadeln und blaugrünen Beeren in der rosavioletten Heide. Sie wachsen extrem langsam, viele der großen Strauchsäulen sind Hunderte von Jahren alt.

Sie sind vom Bild der Heide ebensowenig wegzudenken, wie die silberweißen Birken, neben den Kiefern die typische Baumart in Heide und Moor. Weite Flächen bedeckt auch der aromatisch riechende Gagelstrauch. In seiner Nähe gedeiht gern die Trunkelbeere, deren Früchte der Heidebeere zwar äußerlich sehr ähnlich, innen aber nicht

An verschwiegenen Orten in Heide und Moor brütet auch heute noch der Kranich.

Das Schreiten der 1,20 Meter großen Vögel ist ebenso würdevoll wie anmutig; oft springen sie unvermittelt hoch und verneigen sich spielerisch, laufen mit ausgebreiteten Schwingen umher, drehen sich fliegend im Kreise, schmettern ihre Trompetenrufe über das Moor; selbst Auseinandersetzungen verlaufen elegant und graziös.

purpurfarben, sondern grünlich gefärbt sind. Und auch die feuerrote Preisselbeere, sowie – auf moorigem Torfmoosrasen – die burgunderrote Moosbeere fehlen in der Heide nicht.

Heide ist aus Wald entstanden und würde sich wieder in Wald zurückverwandeln, wenn es nicht mit Hilfe des Menschen verhindert würde. Zum Beispiel durch die Haltung von Heidschnucken, jenen Schafen, die wahrscheinlich Mufflonblut in sich tragen und dafür sorgen, daß der Wald nicht längst schon wieder die Heide zurückerobert hat. Für die Heidschnucken sind die Sprößlinge der Laub- und Nadelhölzer eine Delikatesse. Sie fressen die Heideflächen kahl – nur den sehr langsam wachsenden Wachholder verschonen sie.

Doch seit der Schnuckenbestand immer geringer wird – 1861 weideten noch 770 000 Schnucken in der Heide, heute sind es knapp 10 000 – drängt der Wald wieder nach. Heute muß der Mensch mithelfen, daß die Bäume im Heideland nicht in den Himmel wachsen. Trotzdem sind weite Teile ehemaliger Heideflächen – die Lüneburger Heide reichte einst von Hamburg bis vor die Tore Hannovers – bereits wieder zu Wald geworden.

Spuk in der Heide – die Nachtschwalbe. Mit Pfiffen, Peitschenknall, Schnurren und Schnalzen auf Insektenfang.

Ähnlich ist die Situation der süddeutschen Steppenheiden, wie im Naturpark Altmühltal. Nachdem in den 50er Jahren die Beweidung der Jurahänge zurückgegangen war, kamen immer mehr Kiefern hoch, später drängten Buchen nach. In 50 bis 100 Jahren würde an den Hängen um Eichstätt und Solnhofen, wo heute unzählige lilablühende Küchenschellen im Frühjahr das Land verzaubern, dichter Wald stehen. Deshalb soll nur an verschiedenen Stellen durch Auslichten die Entwicklung des Waldes aufgehalten und durch eine Beweidung nach Plan der Heidecharakter erhalten werden. Wie oft und intensiv die Schafe weiden dürfen, hängt von den Niederschlagsmengen ab. Gute Schäfer, die etwas vom Naturhaushalt verstehen, sollen mit ihren Herden diese besondere Form der Landschaftspflege wahrnehmen.

Die Tierwelt in Heide und Moor ist besonders reizvoll. Neben Kaninchen und Fuchs, die den warmen sandigen Heideboden lieben, waren es zu Anfang des Jahrhunderts vor allem die Kraniche, deren Balztänze und schmetternde Trompetenrufe die Einsamkeit dieser Landschaft belebten.

Der größte einheimische Schreitvogel zog in den weitgehend unberührten Mooren seinen Nachwuchs groß. Heute ist der langbeinige Wappenvogel der Deutschen Lufthansa bis auf spärliche Reste verschwunden. Nicht ganz so schlecht, aber auch nicht gut, steht es um das Birkwild. Wo Beeren stehen und das Moor nicht weit ist, lassen die blauschwarzen Birkhähne mit den knallroten »Rosen« über den Augen im April ihr Zischen und Kollern hören. Dann ist die Birkhahnbalz im vollen Gange. Durch die Aufforstung von Heideflächen und ihre Umwandlung in Kulturland und durch Entwässerung der Moore ist der Birkwildbestand leider stark zurückgegangen.

In manchen Sommernächten scheint es in der Heide zu spuken. Jedenfalls wird manch unerfahrener Wanderer dieser Meinung sein. Plötzlich ertönen schrille Pfiffe und Peitschenknall. Es folgen seltsame Geräusche, die wie das Schnurren einer Nähma-

Winzlinge und Wehrhafte beleben das Bild des weiten Landes.

Drollige Schwanzmeisen (unten), aggressive Fasanenhähne (rechts außen) und kapitale Rehböcke (rechts) trifft der aufmerksame Wanderer auf Schritt und Tritt.

Die Heide – ein von Menschenhand geschaffenes Naturwunder.

Besonders attraktiv ist die Heide zwischen Mai und August, wenn die Landschaft in ein rotes Blütenmeer verwandelt wird.

Pflanzliches Leben in Heide und Moor.

Heilende Wirkung sagt man dem Schachtelhalm (links) nach, dessen riesenhafte Vorfahren einst in den Steinkohlenwäldern wuchsen. Die schwarzblauen Früchte des Wacholders (rechts) werden als Gewürz hochgeschätzt. Die stark vergrößerten »Fangarme« des insektenfressenden Sonnentaus (rechts unten) sind für Fliegen, kleine Käfer und anderes sechsbeiniges Getier trügerische Signale.

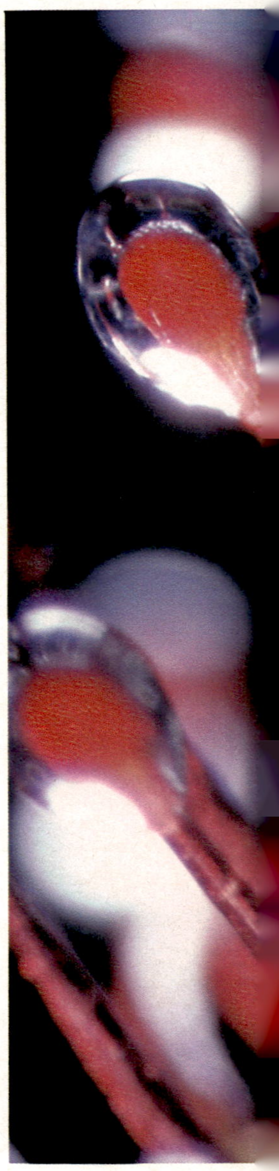

schine klingen; ein schier endloses »örrrr – örrrr« weht über die vom Vollmond erhellte Heide.

Was manchen wie ein gruseliges Geisterkonzert anmuten kann, gehört zum Liebesspiel der Nachtschwalbe, die mit klatschenden Flügelschlägen durch die Luft wirbelt, dann wieder rüttelnd stillsteht, und schließlich – wie ein dürres Blatt – scheinbar taumelnd und völlig geräuschlos ins Heidekraut gleitet.

Der Ziegenmelker, wie der etwa amselgroße Vogel mit dem rindenfarbenen eulenartig weichen Gefieder auch genannt wird, ist genauso harmlos wie irgendein anderer Vogel. Er denkt auch nicht daran, den Ziegen nachts die Milch aus dem Euter zu saugen. Wahrscheinlich wurde ihm die vermeintliche Milchräuberei deshalb zugetraut, weil er zu nächtlicher Stunde auch weidende Tiere umschwirrt, um in deren Nähe Insekten zu fangen.

Ist das Wetter kühl und regnerisch, so daß nur wenige Insekten fliegen, müssen die Nachtschwalbe und ihr Nachwuchs fasten. Eine solche Hungerszeit kann etliche Tage und Nächte dauern. Deshalb verfallen diese Nachtvögel in einen, im Reich der Tiere höchst seltenen Hungerschlaf. Die Vögel werden von einer merkwürdigen Körperstarre ergriffen, und erwachen erst zu neuem

Der Hunger zwingt zum Schlaf. Das spart Kraft. Nachtschwalben warten in Körperstarre auf bessere Zeiten.

Leben, wenn die Witterungsverhältnisse den Beuteflug wieder möglich machen.

Weite großflächige Moore und Sümpfe umschließen die Lüneburger Heide. Es ist eine Landschaft, die Ruhe, fast Melancholie ausstrahlt. Lediglich an lauen Frühlingsabenden hallt die Einsamkeit wider von einem tausendstimmigen Vogelchor. Mit »quorrenden« und »murksenden« Rufen streichen Sumpfschnepfen (Bekassinen) über weißleuchtende Moorbirken, Wiesenpieper und Lerchen »hängen«

Bunte Gaukler über der Frühlingswiese.

Aurorafalter werden vom süßen Nektar des zarten Wiesenschaumkrauts angelockt.

Reiche Äsung für das Wild im lichten Mischwald.

Reh- und Damwild (links) fühlen sich in dieser stillen Landschaft wohl.

Keine abstrakte Malerei, sondern moderne Naturfotografie.

Flüchtende Rehe erreichen Spitzengeschwindigkeiten von mehr als 60 Stundenkilometern.

Kleine Vögel ganz groß – Frühjahrsbalz in Moor und Heide.

Wenn der Winter gegangen ist, beginnt das Liebesspiel der Bekassinen.

Immer seltener wird das Schauspiel der Birkhahnbalz.

Mit gesträubten Federn, hängenden Flügeln und hochaufgerichtetem Schwanzfächer wirbt der Birkhahn um sein Weibchen.

singend im hohen Himmel, ein Pulk Wildenten »klingelt« vorüber und fällt in einem Schilfwäldchen ein, wo Rohrsänger um die Wette musizieren: Stimmungsvolle Sumpf- und Wasserlieder, die an das Schwirren und Sirren des Röhrichts, das Quarren der Frösche, das Knarren und Kärren der Wasserhühner erinnern. Mit lautem »Kiewitt-

Konzertsaal Moor: Vögel und Frösche bilden ein Orchester. Eine geunkte, gebrummte und geblubberte Sinfonie.

Kiewitt« taumeln ein paar Kiebitze über die nassen Wiesen, der tiefe Brummton einer Rohrdommel mischt sich mit dem Blubbern einer Sumpfohreule, und aus der Ferne dringt das trompetende »Gruh-gruh«-Geschrei ziehender Kraniche. Das Zischen und Kullern balzender Birkhähne, das Seufzen und Unken eines Kauzes, das Kikkern streitender Teichhühner und das gleichförmige Schnurren einer Nachtschwalbe verbindet sich zu einer seltsamen Melodie.

Dieses akustische Naturschauspiel

Sicherndes Wild am frühen Morgen.

Wenn Tau die Pflanzenwildnis durchnäßt, verläßt das Rehwild schon beizeiten sein Versteck (links). Auch das Kaninchen läßt sich von den ersten Sonnenstrahlen den Pelz trocknen (links unten).

wäre jedoch unvollständig ohne das geisterhafte Trillern des Brachvogels. Wer je erlebte, wie sich das melancholisch anmutende Flötenduo von Brachvogel und Goldregenpfeifer mit dem Lied des Moores zu einer ergreifenden Sinfonie vereinigte, weiß, um welch unnachahmlichen Reiz diese Landschaft durch das Verschwinden ihrer eigenartigen Vogelwelt ärmer würde.

Grund zur Sorge ist durch das ständige Schrumpfen der Moore und Sümpfe gegeben. Von den rund hundert Hektar Natur, die täglich in der Bundesrepublik bebaut und erschlossen werden, nehmen die feuchten Landstriche mit ihrer artenreichen Vogelwelt einen beachtlichen Teil ein. Das »nutzlose« Moor wird entwässert, drainiert, gepflügt und bebaut. Kein Wunder, daß so gut wie alle Moorbewohner in ihrem Bestand akut gefährdet sind. Wohin die großflächige Entwässerung und Aufforstung von Mooren führen kann, hat die Waldbrandkatastrophe von Niedersachsen im Sommer 1975 gezeigt. Der ausgedörrte Moorgrund lieferte dem Feuer soviel Brennstoff, daß der Mensch samt seinen technischen Errungenschaften nur mühsam und nach vielen vergeblichen Anläufen das Schlimmste gerade noch verhindern konnte.

Zur Erhaltung der Moorfauna ist jedoch nicht nur der Schutz dieser letzten verbliebenen Biotope notwendig, vielmehr sind Eingriffe zur Renaturalisierung unumgänglich. Die durch die Entwässerung verursachte Bebuschung und Bewaldung muß durch Rodung, vorsichtiges Abbrennen, Mähen oder Beweiden rückgängig gemacht werden. Danach müssen die Entwässerungsgräben zugekippt werden, um das Ablaufen von Regenwasser zu verhindern.

Entwässerungsgräben töten die Moore. Nur das Wasser kann die letzten Biotope retten. Noch ist es nicht zu spät.

Inzwischen konnte mit solchen Maßnahmen, die in Mooren Niedersachsens durchgeführt wurden, der Restbestand des Goldregenpfeifers vorerst gerettet werden. Auch Birkhuhn, Rotschenkel, Krickente, Knäkente und Uferschnepfe reagierten mit einer Bestandszunahme.

Was in den letzten fünfzig Jahren durch Trockenlegung und Torfgewinnung an urwüchsiger Landschaft in Norddeutschlands Tiefebene zerstört wurde, um Ackerland beziehungsweise Brennmaterial zu gewinnen, läßt sich wohl kaum rückgängig machen. Trotzdem lassen Naturschutzorganisationen nichts unversucht, die kostbaren Biotope neu erstehen zu lassen, indem sie alte Torfstiche unter Wasser setzen. An vielen Stellen wächst heute wieder Wollgras, fruchten rote Moos- und blaubereifte Rauschbeeren. Hier ist aber auch ein Lebensraum für Brachvögel und Goldregenpfeifer entstanden. Auch einige Greifvogelarten kommen hier wieder vor. Die selten gewordene Wiesenweihe und die Kornweihe gaukeln über Wiesen und Moorheiden, und die Sumpfohreule, die ebenfalls Brüche, Moore und nasse Wiesen liebt,

Sonnentau – für die Fliegen kommt der Tod als glitzernde Perle. Minerale und Stickstoff für eine hungrige Pflanze.

läßt sich mitten am Tage bei ihrem Balzspiel beobachten. Eine bemerkenswerte Erscheinung sind die im Moor beheimateten »Insektenfresser«.

Da Sumpfpflanzen großen Mangel an Eiweiß und Stickstoff leiden, verschaffen sich etliche pflanzliche Moorbewohner tierisches Eiweiß, werden zu fallenstellenden Fleischfressern, fangen Insekten aller Art – von der Fliege bis zur Libelle, von der Mückelarve bis zum Wasserfloh. Von den insgesamt etwa 450 fleischfressenden Pflanzenarten, die auf der Erde – insbesondere in den Tropen – existieren, ist der rundblättrige Sonnentau in unseren Breiten der bekannteste Vertreter. Man muß sich allerdings auf den schwankenden Boden knien, um sein scheinbar grausames Tun zu beobachten. Tief ins Torfmoos gebettet, steigt aus dem Blätterkranz ein etwa 15 Zentimeter langer Blütenschaft empor, der nur in der prallen Mittagssonne seine winzigen Sternblüten öffnet. Aber weit mehr als den unscheinbaren Blüten, gilt das Interesse den raffinierten »Mordwerkzeugen«. Jenen außergewöhnlichen Blättern dieser Pflanze, die auf ihrer Oberfläche und am Rand mit zahlreichen weinroten Drüsenhaaren besetzt sind. Die verjüngten Spitzen dieser Haare trugen knallrote kölbchenartige Verdickungen. Jedes Kölbchen ist mit einem Tropfen kristallklarer klebriger Flüssigkeit umgeben, so daß jedes Blatt mit einer Krone zahlloser, im Sonnenschein funkelnder Tautropfen geschmückt scheint. Läßt sich ein Insekt verführen, von dieser verheißungsvoll glitzernden Flüssigkeit zu naschen, gibt es selten ein Entkommen.

Dem Opfer auf dem Sonnentau ergeht es ähnlich, wie einer Fliege auf dem Fliegenfänger: Je mehr sie sich bewegt, desto fester bleibt sie kleben. Die Drüsenhaare biegen sich der Mitte des Blattes zu und ziehen das Insekt herunter auf den Blattgrund. Die umliegenden Drüsenhaare unterstützen diesen Fangvorgang, bis das Opfer in den Tropfen regelrecht ertränkt ist. Anschließend wölben sich die Blattränder und nehmen die Gestalt einer hohlen Hand an. Der klebrige Saft zersetzt das Insekt, nach einigen Tagen ist es bis auf kleine Chitinreste völlig verdaut: Eiweißstoffe aus dem Körper des Opfers sind sozusagen Vitamine im Nahrungshaushalt des Sonnentaus. Zwar kann eine fleischfressende Pflanze auch ohne diese Zusatznahrung existieren; Versuche haben jedoch gezeigt, daß sie schneller wächst und kräftigere Blüten treibt, wenn sie in der Lage ist, sich ihre tägliche Fleischration zu ergattern.

Ein Spuk in der Sommernacht?

Bei Einbruch der Dämmerung, wenn die Rehe (rechts) den Äsungsplätzen zustreben, ertönen in der Heide zuweilen merkwürdige Pfiffe und Peitschenknallen. Es folgen seltsame Geräusche, die wie das Schnurren einer Nähmaschine klingen. Was jedoch an ein gruseliges Gespensterkonzert erinnert, gehört zum Liebesspiel der Nachtschwalbe (links).

Wo Rohrdommel und Reiher, Haubentaucher und Kampfläufer den Ton angeben, da wird Naturerleben zum Abenteuer.

In der Was

Taucher und Tänzer.
serwildnis Hollands

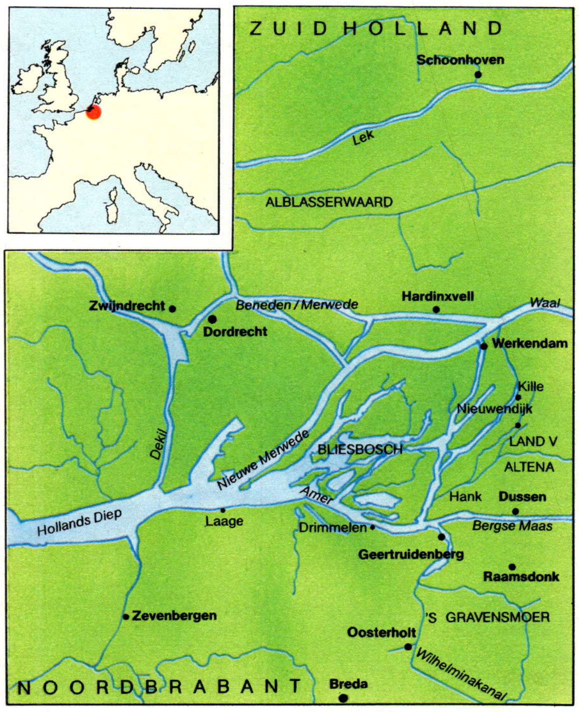

Auch in kleinen Dingen offenbart die Natur ihr Schönheitsideal.

Wie blankgeputzte Goldknöpfe wuchern die prachtvollen Blüten der Sumpfdotterblume in der üppigen Wasserwildnis – idealer Lebensraum für bekannte und weniger bekannte Wasservögel.

Wo Europas größter Strom zum Meer drängt, in hunderte von großen und kleinen Wasserarmen verästelt, wo die trüben Fluten von Rhein und Maas zusammentreffen, liegt die Schilf- und Sumpflandschaft Biesbosch – Hollands bedeutendes Schutzgebiet für Wasservögel, Pflanzen und Schilfgetier.

Schon lange ist das Schilfmeer für den Menschen tabu. Nur mit Booten befahrbar, bleibt der Biesbosch die meiste Zeit des Jahres den Vögeln, Fröschen und Fischen überlassen. Es gab Zeiten, da wurde der Biesbosch von verheerenden Überschwemmungen der nahen Nordsee heimgesucht. Heute riegeln große Abschlußdeiche an der seeländischen Küste die Flußlandschaft vor den Hochfluten ab. Holland ist zwar nicht mehr in Not – dafür bleiben aber auch Flut und Ebbe in der Nordsee.

Ohne Gezeitenwirkung ist das Labyrinth der Wasserarme allerdings nur ein halbes Paradies. Der Wechsel von naß und trocken brachte vielfältiges Leben ins Schilf. Waren die Schlickwatten trocken, hatten die Watvögel gedeckten Tisch. Kam die Flut, gingen Taucher, Enten und Reiher auf Nahrungssuche. Jetzt sorgen allein die Flüsse für Nahrung. Als Schwemmgut lagern Rhein und Maas alles Gute und Schlechte im Schilf ab. Rohrkolben, Binsen, Schilfrohr und Seggen müssen zusammen mit Einzellern, wirbellosen Tieren, Schnecken und Muscheln, Fischen, Reptilien, Kleinsäugern und Vögeln das nahr- und leider auch giftreiche Strandgut verdauen. Noch ist das Leben großartig vielfältig und weitgehend gesund. Noch sind Haubentaucher, Löffelente, Graureiher und Eisvögel in großer Zahl vertreten. Jede dieser Vogelarten erfüllt in der Ökologie der Flußlandschaft eine wichtige Funktion.

Fast das ganze Jahr über bleibt der Haubentaucher im Biesbosch wie auch auf den vielen anderen Gewässern, ohne die Holland nicht vorstellbar wäre. Nur wenn der Winter die Flußarme mit einer Eisschicht zudeckt, zieht es den hervorragenden Schwimmer und noch besseren Taucher in den Süden. Sonst bleibt er seinem Revier und während der Fortpflanzungszeit auch seinem Partner treu. Haubentaucher sind ungeschickte Flieger und unbeholfene Läufer. Beim Landgang watscheln sie mühsam. Land und Luft sind nicht ihr Element, sondern das Wasser.

Tauchspiele für die Partnerwahl. Haubentaucher jagen, kämpfen und fliehen unter Wasser.

Unter Wasser macht der Haubentaucher Jagd auf Fische. Dabei ist er sehr geschickt und vor allem erstaunlich schnell. Etwa eine halbe Minute lang hält es der Vogel unter Wasser aus, dann erscheint sein hauben- und ohrengeschmückter Kopf wieder, um zu atmen

Vögel, die an mittelalterliche Ritter erinnern.

Die Kampfläufer tragen im Frühjahr heftige Balzduelle aus, verletzen sich aber nie ernstlich. Die wesentlich kleineren und unscheinbar gefärbten Weibchen stehen meist abseits, wenn die liebestollen, mit bunten Halskrausen geschmückten Männchen in wilden Luftkämpfen den Stärksten ermitteln.

▷
Schleichend wie die Rohrdommel stelzt er langbeinig durch das seichte Wasser. Blitzschnell sticht er zu, wenn er Beute erspäht: der Graureiher.

und sich vor Feinden zu sichern. Auf seinem Tauchgang kann er ausgezeichnet sehen. Vorzugsweise kleine Fische, die dicht unter der Wasseroberfläche schwimmen, werden seine Beute. Doch er ist auch ein Spezialist für die Tiefe. Noch in 40 Meter sucht er den Grund nach Krebstieren ab. Unter Wasser verteidigt der Haubentaucher auch sein Revier. Dabei setzt er sehr erfolgreich den spitzen starken Schnabel ein. Ist die Gefahr zu groß, entflieht er tauchend. Dabei kann er lange Strekken zurücklegen und führt minutenlang ohne zu atmen seine Verfolger an der Nase herum. Tauchend sucht er nach Baumaterial für sein schwimmendes Nest. Mit Tauchspielen schließlich will er seinem Partner imponieren.

Im Frühjahr hallt der Ruf des schnellen Tauchers durch die holländische Wasserlandschaft.

Wenn die Tiere auf Partnersuche sind und sich gegenseitig umwerben,

Zeremonie und Höflichkeit vor der Hochzeit. Synchron wie ein Menuett. Jedoch ohne Melodie.

sehen Männchen und Weibchen fast gleich aus. Ihre Begrüßungszeremonie ähnelt dem Droh- und Scheingefecht zweier männlicher Rivalen. Begegnet ein Männchen einem paarungsbereiten Weibchen, schütteln beide Tiere zunächst heftig den Kopf, führen sich gegenseitig den abgespreizten und aufgestellten Kopfschmuck vor und richten sich wie aggressive Kampfhähne gegeneinander auf. So zeigen sie sich, fast senkrecht im Wasser stehend, die weiße Bauchunterseite, wenden den Kopf hin und her – wie bei einem alten Tanz. Danach tauchen sie spielerisch ins Wasser und erscheinen mit Brautgeschenken, vor allem Wasserpflanzen. Jede Bewegung eines Tieres läuft beim anderen synchron ab, als würde eine unhörbare Melodie die Tänzer begleiten.

Doch dann folgt keineswegs schon die Hochzeit. Erst muß ein Nest aus Schlick, Schilf und Wasserpflanzen erbaut werden. Und danach beginnt ein neues Ritual: Diesmal schüttelt einer der Partner den Kopf, entfernt sich im Fluglauf über das Wasser und läßt sich nach einigen Metern wieder ins Wasser fallen. Neuerliches Kopfschütteln bedeutet: vorläufiges Ende der Szene. Dann klettert eines der Tiere aufs Nest und lockt mit leisen Rufen seinen Partner. Ist dieser Vogel aber noch nicht in Hochzeitsstimmung, zeigt es mit Aufbäumen im Wasser und Verbeugungen in Richtung des Nestes, daß der Partner noch warten soll. Ist es endlich soweit, springt das Tier vom Wasser direkt auf den im Nest sitzenden Vogel. Nach die-

Selten gewordener Schwimmtaucher: der Kormoran.

Die gänsegroßen Vögel mit dem gelbschwarzen Gesicht und mähnenartigen Federschopf auf dem Kopf brüten meistens in größeren Kolonien, die sich – vor allem zur Paarungszeit – durch rauhes »krah-krah«-Geschrei schon von weitem bemerkbar machen.

Der »fliegende Edelstein« geht im Sturzflug auf Fischjagd.

Den Namen hat der Eisvogel seinem Federkleid zu verdanken: Es sieht aus wie blankes Eis, in dem sich der Himmel spiegelt.

Die Balz der Maskenvögel verläuft nach einem erblich festgelegten Ritual.

Trotz schlechten Wetters kommen die Lachmöwen in Brutstimmung und verteidigen mit Drohgebärden ihr Revier.

ser Überrumpelung rutscht der Vogel ins Wasser zurück. Haubentaucher können diese Zeremonie bis zu 40 mal am Tag vollführen, ohne daß es zur Paarung kommt. Erst wenn die Balzrituale nicht mehr so häufig ausgeführt werden, findet die Befruchtung statt. Das Brutgeschäft teilen sich die Haubentaucher.

Sind die Jungen geschlüpft, verlassen sie früh das schwimmende Nest und lassen sich von Mutter oder Vater auf dem Rücken spazierenfahren. Dabei werden sie sogar mit auf Tauchstation genommen. Nicht selten jedoch

Der Frosch: Amphibischer Sprungkünstler und Relikt aus der Urzeit des Lebens.

verliert das »U-Boot« seine Besatzung. Dann müssen die aufgeregten Kleinen auf das Auftauchen der Eltern warten und sich einen neuen Sitzplatz ergattern.

Mehr im Schilf als im freien Wasser lebt ein anderer hervorragender Schwimmer und Taucher: der Wasserfrosch. Er lauert im knisternden, rauschenden Röhricht auf Versprengte des gigantischen Insektenheeres, das sich über der Sumpflandschaft tummelt. Nur seine

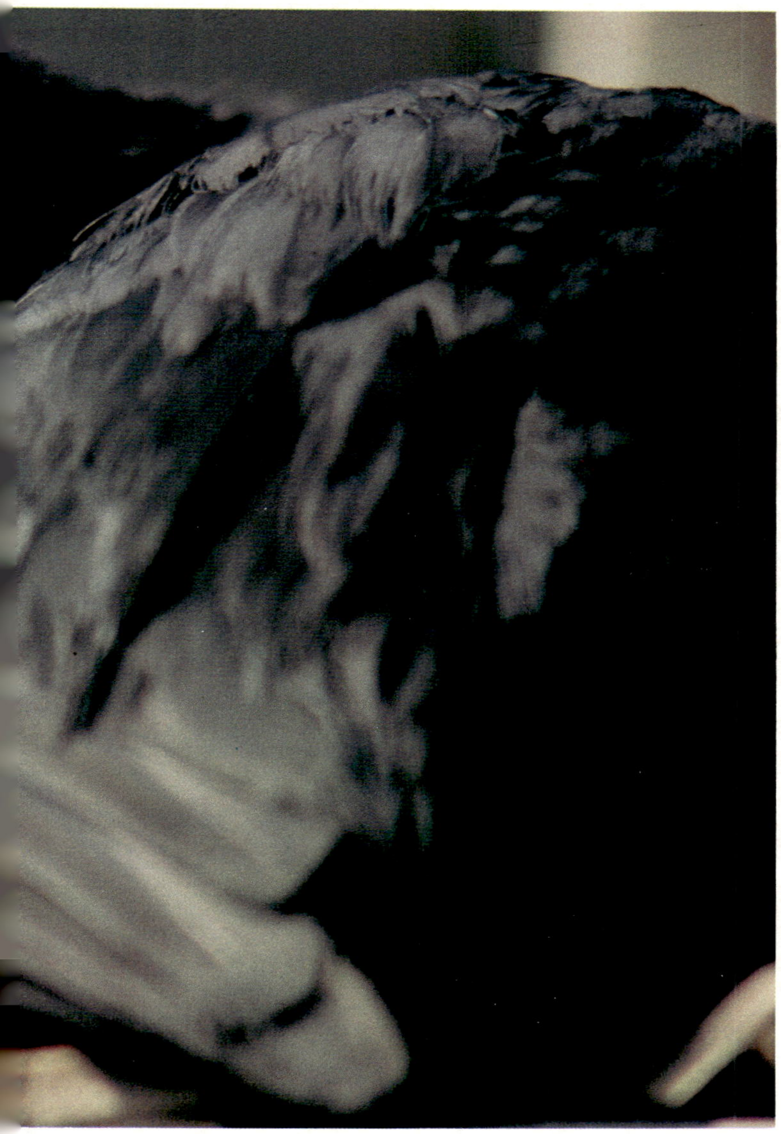

Verborgenes Leben in der Halmwildnis.

Moorochse nennen manche Leute die Rohrdommel (links oben), weil sie bei einbrechender Dunkelheit mit einem tiefen, fast brüllenden Brummton ihr Revier abgrenzt. Knarrend oder quiekend, dumpf oder gellend – nur selten aber wohltönend – sind auch die Rufe der meisten anderen Vögel, die sich im Röhricht um ihren Nachwuchs sorgen: Bläßhuhn (links), Schwarzhalstaucher (rechts oben), Kiebitz (oben Mitte).

übergroßen Glotzaugen ragen aus dem Wasser. Nähert sich eine Fliege oder ein anderes Insekt, schnellt der amphibische Sprungkünstler in die Höhe. Treffsicher schleudert er die klebrige Zunge aus dem Maul und verschluckt, noch nicht wieder zum Boden zurückgekehrt, bereits seine Beute.

Wasserfrösche vermehren sich in unvorstellbaren Massen. Ihr Laich schwimmt im Frühjahr klumpenweise durch die seichten Buchten des Schilfs. Die Produktion so vieler Froschnachkommen hat ihren Grund. Nicht nur die in gallertartige Masse eingehüllten Eier sind für Fische und Vögel willkommene Beute, auch die geschlüpften Larven, die Kaulquappen haben keinen anderen Schutz vor Verfolgern als ihre unvorstellbare Zahl. Und tatsächlich: Ein paar schaffen es immer bis ans Ende ihres Unterwasserlebens zu kommen, sich vier Beine wachsen zu lassen und den langen Schwanz zurückzubilden, und als Lungenatmer an Land zu hüpfen. Ein phänomenaler Umwandlungsprozeß, der an den Landgang der Saurier erinnert, die vor Millionen Jahren das Meer verließen und die Erde besiedelten.

Wo das matte Grün und Braun der Schilfsilhouette von dichten Büschen und Bäumen ergänzt oder abgelöst wird, fällt ein Vogel mit seiner ungewöhnlichen Farbenpracht auf: der Eis-

Was bisher kaum ein Mensch beobachtete: Rothalstaucher beim Eierlegen.

Sein gellender Ruf klingt aus dem nächtlichen Schilfwald wie das Quieken eines Schweines.

vogel. Auch er war einstmals überall in Europa verbreitet, hat sich jedoch in wenige saubere Wasser-Landschaften zurückgezogen.

Häufig wird der etwa starengroße Vogel »fliegender Edelstein« genannt. Meergrün an Schultern und Flügeldekken, oberseits türkisblau, unterseits lebhaft zimtrot, an Kinn und Kehle elfenbeinweiß, mit meerblauen Spitzenflekken auf Kopf und Flügel gleicht er eher einem tropischen Kleinod als einem

Im Sturzflug wie ein Speer ins Wasser: Der Eisvogel ist mutig und schnell.

heimischen Vogel. Doch der blaue Königsfischer gehört in die europäische Landschaft und ist kein verspielter Irrtum der Natur. Seine auffallende Farbenpracht ist keineswegs nur Blendwerk: Der Eisvogel ist ein geschickter Jäger, sein Sturzflug ins eiskalte Wasser ist selbstverständlich, um einen kleinen Fisch zu fangen. Durchschnittlich viermal muß der blaue Vogel ins kalte Naß schießen, um einen Fisch zu erbeuten.

Den Eisvogel auf seiner Jagd zu beobachten, ist ein spannendes Abenteuer: pfeilschnell fliegt er übers Wasser – 90 Stundenkilometer schnell. Er steht mit schwirrenden Flügeln in der Luft –

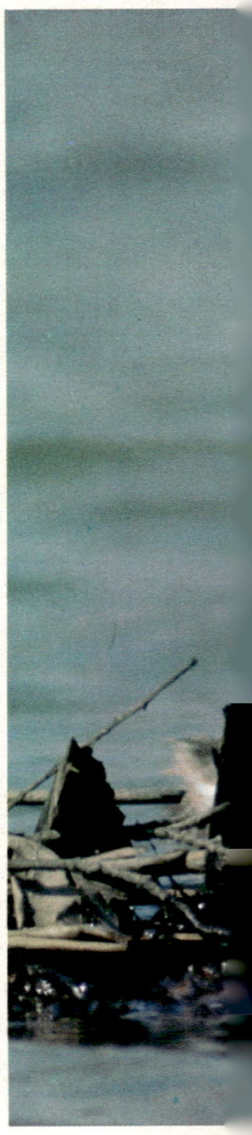

Sie leben in strenger Einehe – die Haubentaucher.

Als Fischfresser wurden sie lange Zeit verfolgt, ehe man – ähnlich wie beim Graureiher – erkannte, daß sie eine Art Gesundheitspolizei für die Fische sind. Zur Paarungszeit veranstalten die Partner ein Balzritual, das vom Kopfschütteln bis zum bauchseitigen Gegeneinanderstellen zahlreiche Formen der Standortbestimmung des schwimmenden Nistplatzes und der Paarungsbereitschaft aufweist.

wie ein Hubschrauber und fällt – wie ein spitzer kurzer Speer, ins Wasser. Kaum ist die Spritzfontäne aufs Wasser zurückgefallen, taucht er wieder auf, die Beute im bajonettartigen schwarzen Schnabel. Fast ebenso schnell bringt er die zappelnde Fracht auf einen Ast, schlägt sie mit ein paar Schleuderbewegungen gegen das harte Holz. Regt sie sich nicht mehr, wird sie entweder verspeist oder zu den Jungen in die Bruthöhle gebracht, die bis zu einem Meter tief in die Uferkante gegraben wird.

Als Fischräuber wurde der Graureiher lange Zeit verfolgt. Fischpächter und Teichbesitzer neideten dem großen Vogel die erjagte Beute. Schließlich mußten sich Gerichte mit dem Reiher beschäftigen. Denn der Graureiher machte keinen Unterschied zwischen einem künstlichen Fischteich und einem natürlichen See. Fisch ist für ihn eben nur Fisch. In Holland gehört der graue Segelflieger zum gewohnten Bild der Schilf- und Seenlandschaft.

Wie graue Statuen stehen die Tiere im Morgennebel. Unbeweglich lauern sie auf vorbeiziehende Fische. Was in die Reichweite ihres dolchartig spitzen Schnabels kommt, wird aufgespießt – ob Fisch, Frosch oder Schlange. Auf den nassen Wiesen stellt er auch Mäusen nach. Dabei »schleicht« er im Zeitlupentempo seinen Opfern entgegen. Die blitzschnell aufgespießten Beutetiere werden durch heftiges Kopfschütteln vom Schnabel geschleudert und verzehrt.

Reiher nisten in großen Kolonien auf hohen Bäumen, weit entfernt von den fischreichen Gewässern. Ihre Jungen versorgen die Reiher wie viele andere Wasservögel: Sie schlucken die Fische, Mäuse oder Frösche in ihren Kropf und würgen sie den Jungtieren einfach in den aufgesperrten Schnabel.

Reiher sind sehr reinliche Tiere. Viele Stunden am Tag verwenden sie zur Pflege ihres Gefieders. Das ist wichtig, weil sie sonst die Körpertemperatur von 40 Grad Celsius nicht halten können. An die langen Kopffedern kommt der Reiher jedoch mit seinem Schnabel

▷ **Haubentaucher-Eltern teilen sich in die Sorge um die Aufzucht der Jungen. Sie reichen ihnen kleine Fische, grüne Blättchen und hauchzarte Dunen.**

Ruhen, essen und sonnenbaden auf »Oberdeck«.

Haubentaucher bergen ihre Jungen in besonderen Tragetaschen, die aus verlängerten Federn an den Flanken bestehen. Zuweilen begleiten die buntgestreiften Kleinen Vater und Mutter bei der Jagd – huckepack auch unter Wasser. Lange turnen die jungen Haubentaucher auf dem breiten Rücken der Alten herum, bis sie schließlich selbst für sich sorgen können.

nicht heran. Zur Säuberung benutzt er deshalb einen natürlichen Kamm: die Kralle seiner Mittelzehe ist zur dichten Zinkenreihe umgewandelt, mit der er sich die Kopffedern kämmt. Doch der Vogel verläßt sich nicht nur auf die reinigende Kraft des Wassers, sondern benutzt auch einen selbst hergestellten Puder. Von den großen Federn verdeckt wachsen an einigen Körperstellen sogenannte Puderdunen. Diese kleinen Federn brechen an den Spitzen in kleinsten Teilen ab. Allerdings in solchen Massen, daß daraus ein wasserabstoßender wachsartiger Puder entsteht.

Im Grenzbereich zwischen Wasser und Land steht wie ein unendlicher Wall das Schilfrohr – ohne das die Uferzonen der Flüsse und Seen undenkbar wären. Erst bei Wind zeigt es seine wahre Eigenschaft: Die einzelnen Halme schwingen unter dem Sturm bis auf die Wasseroberfläche und pendeln zurück, wenn dessen Kraft erlahmt. Kein Blatt des Halms wird gebrochen, kein Knick ist zu sehen. Und doch lasten bei Stürmen und Wellengang enorme Gewichte auf den langen Fasern des Halmes, der in seiner Tragfähigkeit nur noch vom Bambus übertroffen wird. Auch der Rohrkolben ist ein wahrer Gewichtsathlet. Er trägt nicht nur den dunkelbraunen Kolben mit den Hunderttausenden von Samenfallschirmen, er biegt sich im Wind hin und her, federt zurück, um in der nächsten Sekunde von der nächsten Bö wieder in eine andere Richtung gedrückt zu werden. Die Natur als Architekt hat mit diesen Pionieren des Landes ein wahres Meisterwerk der Statik vollbracht, für das der Mensch bis heute keine Parallele schaffen konnte.

▷

Der Wasserfrosch quakt und plärrt im Sommer manchmal die ganze Nacht hindurch. An Intelligenz ist er den meisten anderen Lurchen weit überlegen – auch an Sprungkraft.

Wo der Warnruf der Murmeltiere ertönt und das Kohlröschen blüht, ist das Reich der Gemsen und Steinböcke.

Gehör
Leben im blü

nte Gipfelstürmer. henden Alpengarten

Kletterspezialisten in der Kampfzone des Lebens.

In der schwer zugänglichen Felsregion der Alpen sind die Gemsen zu Hause. Die Zähigkeit dieser Tiere, die zwischen Baum- und Schneegrenze einen Großteil ihres Lebens verbringen, nötigt uns Bewunderung ab. In schwindelnder Höhe, wo jeder falsche Tritt den Tod bedeuten kann, ziehen sie ihre Jungen auf und entziehen sich – oft genug in halsbrecherischem Tempo – dem Zugriff ihrer Feinde.

Europa hat tausend Gesichter. Verschiedene Klimazonen prägen die Landschaft. Laubwald, Moor, Heide, Nadelwald, baumlose Ebene und Tundra gehören zu diesem Kontinent ebenso wie das ewige Eis. Wer diese verschiedenen Lebenszonen beobachten möchte, braucht jedoch nicht erst eine tagelange Fahrt bis zum Nordkap an die Eismeerküste zu unternehmen. Eine Klettertour durch den mitteleuropäischen Alpengarten hat ähnliches zu bieten: der Buchenwald auf der Bergstufe entspricht dem Laubwaldgürtel; Fichten, Kiefern und Lärchen der subalpinen Nadelholzstufe lassen sich mit dem Taiga-Gürtel vergleichen; die Almen und Matten der alpinen Rasenstufe entsprechen der baumlosen arktischen Tundra, und die Gipfelgletscher der Alpen haben den gleichen Ursprung wie das polare Eis. Auf 124 000 Quadratkilometern Gebirgslandschaft – das entspricht etwa der halben Fläche der Bundesrepublik Deutschland – lassen sich auf engstem Raum die unterschiedlichsten Klima- und Vegetationsstufen beobachten. Gleich einem Bollwerk einer weitgehend urtümlichen Natur bilden die Alpen den blumenreichsten Steingarten der Erde. Aus dem Felsenmeer des erdgeschichtlich sehr jungen Faltengebirges ragen zwei- bis viertausend Meter hohe Gipfel.

Das Hochgebirge ist eine Welt extremer Lebensbedingungen, die an Pflanzen und Tiere harte Anforderungen stellt. Trotzdem sind nur an wenigen Stellen der Erde biologische Wunder in solch einer Massierung anzutreffen wie in der Welt der Berge. Was im milden Klima der Ebenen als »Durchschnittsleistung« beurteilt werden mag, ist in der rauhen Umwelt des Gebirges ein Geniestreich der Entwicklung und Anpassung.

Silberwurz – hundert Jahre alte Wilde Männle. Überlebende der letzten Eiszeit.

Die grandiose Alpenflora besticht nicht durch bombastische Größe. Der besondere Zauber liegt häufig in winzigen Details, die eine Pflanze lebensfähig sein lassen.

So klammern sich die dicken, rosablühenden Polster des Stengellosen Leimkrauts mit weitverzweigten Wurzeln in den beweglichen Untergrund des Geröllschutts. So schiebt das Alpen-Stiefmütterchen seine lange Pfahlwurzel möglichst tief in den Boden und durchdringt immer wieder lichtsuchend das nachrutschende Gestein. Bei der Alpenrose, die im Sommer die Hänge in flammendes Rot taucht, verhindern die wachsüberzogenen Blätter zu starke Verdunstung. Fingerkraut und Silberwurz kriechen, geduckt gegen Wind und Kälte, am Boden dahin. Das Edelweiß schützt sich durch

Ein starkes Geschlecht, die Blumen der Berge.

Vom Bergwald bis zu den Gipfeln haben die Blumen Lebensräume erobert. Die schwefelgelbe Anemone (links) wächst buchstäblich aus dem Stein heraus, die Behaarte Primel (rechts) hat in einer Felsspalte Wurzeln geschlagen und der Stengellose Enzian (rechts außen) entfaltet seine zarten Blüten noch jenseits der 2000-Meter-Grenze.

Keine trostlose Mondlandschaft, sondern prall gefüllt mit zähem Leben.

In keinem anderen Gebirge der Erde ist die Tier- und Pflanzenwelt üppiger und artenreicher, hat die Natur anmutsvollere Geschöpfe geschaffen als in den Alpen. Wie an unsichtbare Eisen gekettet, trotzt der vergißmeinnichtblaue Himmelsherold (rechts) tosenden Gewitterstürmen noch in 3500 Meter Höhe, dort, wo das Steinbockrudel an einem kristallklaren Bergsee zur Tränke geht.

einen dichten Pelz vor dem Austrocknen an windigen Hängen.

Die zierlichen Aurikel und Krokusse scheinen viel zu zart für die Härte des sturmgepeitschten Hochgebirges zu sein. Doch ausgerechnet die zerbrechlichen Blumen der Berge sind an Zähigkeit, Ausdauer und Bescheidenheit kaum zu übertreffen. Wie an den Berg gekettet, trotzen sie den alpinen Gewitterstürmen, krallen sich mit feinem Wurzelgespinst in nacktem Fels fest, filtern aus scheinbar totem Gestein nährstoffreiche Salze und verzaubern die graue Steinwelt mit einer satten Farbenpracht.

Welche Kraft die Alpenpflanzen bei ihrem winterlichen und oft auch sommerlichen Kampf gegen Eis und Kälte aufbringen, zeigt sich beim Alpenglöckchen. Die hauchzarten violetten Blütenknospen schmelzen im Frühjahr tiefe Trichter in den Schnee.

Wind und Wetter drosseln den Lebensmotor der Pflanzen. Eine Liliputwelt auf dem alpinen Dach Europas.

Die Energie dafür liefern die Sonnenstrahlen. Aber auch das kalte, ultraviolette Licht hat lebensnotwendige Wirkung. Es bremst das Wachstum der Pflanzen. Die zwergwüchsigen Hochlandpflanzen laufen durch einen so gedrosselten Lebensmotor nicht Gefahr, durch Wind und Wetter geknickt und entwurzelt zu werden. Wo Flechtenteppiche bis zum Saum des ewigen Schnees emporklettern, ist die Liliput-Gestalt überlebensnotwendig.

Auf dem Dach Europas kann es geschehen, daß sich Sommer und Winter treffen – von einem Augenblick auf den anderen. Warme Föhnregen im Dezember und Schneefälle im Juli sind keine Seltenheit. So extreme Wetterumstürze halten Tiere und Pflanzen nur aus, wenn sie im Lauf der Evolution widerstandsfähig und abgehärtet wurden.

Und dennoch finden sich im Alpenraum so zarte Geschöpfe wie der Apollo-Falter ein, bei dem man vermuten

Der König der Lüfte ist selten geworden. Wenn der Mensch kommt, verläßt er sein Revier. Für immer.

könnte, daß schon ein leichter Windstoß seine filigranen Flügel zerfetzt.

Der Mauerläufer, wohl der schönste Kleinvogel des europäischen Hochgebirges, wird wegen seiner roten Federtupfen »fliegende Alpenrose« und wegen seiner geschickten Insektenjagd auch »Alpen-Kolibri« genannt.

Schon eher in die harte Gebirgswelt paßt der Mornellregenpfeifer, der sich in Nordeuropa die »ungemütliche« Tundra als Sommerwohnort ausgesucht hat. Von Mai bis September läßt er sich zur Aufzucht der Jungen auch im Hochgebirge nieder. Er ist ein großartiger »Simulant«. Glaubt er nämlich sein Nest oder seine Jungen von Feinden bedroht, so stellt er sich krank. Mit ausgebreiteten Flügeln herumtorkelnd, erweckt er den Eindruck, eine leichte Beute für seine Feinde zu sein, die sich dann mehr um ihn als um sein Nest kümmern.

Ob sich allerdings der Steinadler von ihm foppen läßt? Der König der Lüfte

Frühling im wolkenverhangenen Bergwald.

Wo üppiger Mischwald ins Gebirge drängt, ist die Welt noch weitgehend heil.

Scheinbar unberührt und märchenhaft schön.

Wenn der letzte Schnee geschmolzen ist und der Tannenhäher (oben) in Regionen umsiedelt, wo die Bäume Bärte tragen, beginnt das Leben in den Bergen förmlich zu explodieren.

▷
Balanceakt auf einem lawinengefährdeten Gipfelgrat.

▷▷
Gamsrudel im Schneesturm. Zwischen den Latschen finden die Tiere Schutz vor Wind und Kälte.

Schneelicht – Naturwunder im Hochgebirge.

Eine höchst seltene Naturerscheinung, die bisher auch kaum fotografiert werden konnte, ist die sogenannte Untersonne oder – wie dieses aus Milliarden winziger Eiskristalle bestehende Phänomen auch bezeichnet wird – das Schneelicht, das nur an eiskalten neblig-trüben Wintertagen beobachtet wurde. Auch Bergtiere, wie den eisgrauen Schneehasen (rechts) und den Schneehahn im Übergangsgefieder, mag das gleißende Licht bei völlig bedecktem Himmel in Erstaunen versetzen.

hat in der Hochgebirgsregion einen letzten Zufluchtsort gefunden. Wegen seiner majestätischen Erscheinung von den Menschen in vielen Ländern zum Wappentier erkoren, wurde er dennoch jahrhundertelang erbarmungslos gejagt.

Als Nahrungskonkurrent neidete der Mensch dem erfolgreichen Greifvogel lange Zeit die Beute und stellte ihm unerbittlich nach.

Die letzten Paare des Steinadlers bauen ihre Nester in unzugänglichen Felswänden. Aber wo finden sich in den Alpen noch unberührte Gipfel? Sobald Bergsteiger in die Nähe seines Geleges kommen, flieht der Adler. Aus Furcht vor dem Menschen läßt er die bebrüteten Eier oder gar schon geschlüpften Jungvögel im Stich. Die so unzureichend versorgte Nachkommenschaft stirbt.

Die Folgen sind nicht nur für die Arterhaltung des Adlers beträchtlich. Zusammen mit den Geiern bildete der Adler seit jeher die Gesundheitspolizei der Alpen. Kranke, verletzte Tiere wurden schnell zur Beute der großen Vögel – so konnten sich innerhalb der einzelnen Tierarten nur die starken und gesunden Tiere vermehren. Weil heute Adler sehr selten sind, muß der Mensch die anstrengende Gesundheitsaufgabe übernehmen. Doch Jägern und Wildhütern gelingt nur schwerlich, wozu der Adler berufen ist. So verwundert es nicht, wenn ernsthafte Versuche unternommen werden, dem Adler wieder Lebensraum abzutreten.

Steinbock und Gemse toben über die Grate. Manchmal tollkühn. Ihre speziellen Hufe geben Sicherheit und Halt.

Von allen Geschöpfen der Berge können sich Steinböcke und Gemsen am geschicktesten in der Felsregion behaupten. Sie sind die beweglichsten und trittsichersten Alpenbewohner. Tollkühn spazieren sie auf Felssimsen entlang, die unbegehbar schmal erscheinen. Beide Arten haben eine Hufform entwickelt, die es ihnen ermöglicht, mit schnellen Bewegungen über Schotter und Geröll zu laufen und über steile Felsgrate zu balancieren, ohne den Halt zu verlieren. Die biegsamen Hufe mit gespaltenen Zehen und ungewöhnlich weichen, gewölbten Sohlen verhindern lebensgefährliche Ausrutscher.

Steinböcke und Gemsen, die während des Sommers in der Gipfelregion der Alpen den spärlichen Pflanzenwuchs abweiden, ziehen in strengen Wintern in tiefere Lagen. Meist verbringen sie die schneereiche Jahreszeit unterhalb der Baumgrenze in schützenden Wäldern. Hier finden sie genügend Nahrung oder können auf vom Schnee freigewehte Matten zur Äsung ziehen.

Vor der Kälte bewahrt sie ein dicker Winterpelz. Bei Gemsen verändert sich das gelbliche kurze Sommerfell in eine bis zu 12 Zentimeter lange schwarze Winterdecke. Aus diesem Winterkleid stechen die besonders langen Rückenhaare hervor. Sie machen die Gemse zum beliebten Jagdobjekt, denn sie liefern den »Gamsbart«, den Hutschmuck der bayerischen Alpentracht.

Ein ähnlich dickes Winterfell bewahrt das eindrucksvollste Wild der Hochalpen vor Kälte, den Steinbock. Dieser kräftige Kletterer war im gesamten Alpengebiet bis zum 14. Jahrhundert verbreitet. Doch dann wurden die Populationen immer kleiner. Der Grund für diesen rapiden Rückgang ist vor allem im mittelalterlichen Aberglauben zu suchen, der dem Steinbock gewissermaßen die Funktion einer »wandernden Apotheke« andichtete. Fast alles am Steinbock verhieß Heil- und Zauberwirkung. Fleisch, Innereien und Augen, frisch, getrocknet oder zu feinem Pulver gemahlen, sollten gegen allerlei Beschwerden ihre Wirkung tun. Haare, Horn und Hufe wurden zu Amuletten gegen Zauberkräfte böser Geister. Selbst dem Mist der Tiere wurde heilende Wirkung bei Schwindsucht und Zipperlein zugesprochen.

Unsichtbar im Schnee. Getarnt in Fels und Geröll. Mit den Jahreszeiten wechselt das Schneehuhn sein Gefieder.

Nur im Gran Paradiso-Massiv in den Grajischen Alpen konnte eine kleine Gruppe überleben. Von diesem Bestand ausgehend, wurde der Steinbock auch in anderen Gebieten seiner ursprünglichen Heimat wieder eingebürgert. Heute gilt der 8 000 Tiere starke Bestand als gesichert.

Während der längsten Zeit des Jahres teilen Gemsen und Steinböcke die einsamen Felsgipfel nur mit einigen Insekten und Spinnen. Lediglich ein paar wetterfeste Vögel wagen sich noch bis zu ihnen hinauf.

Beim Alpenschneehuhn ist die Wärmedämmung so komplett, daß das besonders dichte Gefieder selbst Füße und Nasenlöcher bedeckt. Zudem nüt-

Wenn das Leben explodiert.

Die Schneerose (rechts) kündet vom nahen Bergfrühling. Das Wild zieht aus den geschützteren Tallagen in höhere Regionen und im letzten Schnee beginnt der Birkhahn (unten und rechts außen) seine feurige Balz.

zen die Hühner die isolierende Wirkung des Schnees. Sie graben sich regelrechte »Iglus« als Schlafhöhlen in den Schnee.

Die einfachste und bequemste Art, den Winter zu überstehen, hat das etwa hasengroße Murmeltier entwickelt: spätestens im Oktober fällt es in einen sechs bis acht Monate dauernden Winterschlaf. Lange vor Anbruch der kalten Jahreszeit sammeln Murmeltiere, die häufig in geselligen Kolonien leben, trockene Gräser und Kräuter, die sie in

Murmeltiere – Gäste im Schlaraffenland der Berge. Für ein halbes Jahr. Dann schlafen sie. Einen Winter lang.

großen Bündeln im Maul transportieren, um damit ihre Winterwohnung auszupolstern. Sind die Vorbereitungen getroffen, verstopfen die Tiere den Eingang ihrer Behausung mit Heu, Erde und Steinen. Im kälteisolierten Quartier fällt schließlich die ganze Sippe in eine todesähnliche Starre, wobei die Körpertemperatur auf fünf bis sieben Grad absinken kann. Alle paar Wochen erwachen die Dauerschläfer für kurze Zeit, um Harn abzulassen. Dabei belebt sich auch der Stoffwechsel und führt zu vorübergehender Erwärmung. Jetzt kann der Schlummer weitergehen.

Dafür platzt die Lebenskraft der koboldhaften Nager im Frühling heraus. Spielerische Raufereien bestimmen den Tagesablauf der in Hochzeitsstimmung geratenen Tiere. Für sie beginnt jetzt die Zeit im Schlaraffenland der saftigen Alpenwiesen. Bis sie sich im Herbst wieder für den Winterschlaf bereit machen, werden sie so viel Fett speichern, daß sie über ein halbes Jahr davon zehren können.

Doch der Lebensraum dieser spezialisierten Gebirgsbewohner ist in erschreckendem Maße eingeengt worden. Die vielbesungene Freiheit, die angeblich auf den Bergen daheim ist, wird von vielen Menschen leichtfertig und gedankenlos nur als grenzenlose Selbstentfaltung verstanden. Leidtragende dabei sind die Tiere und Pflanzen.

▷ **Gamsbock auf verschneiter Alm (links) und Schneehase (rechts).**

Zu bewundern gibt es vieles in den Bergen.

Ungestüm donnert die Gemse (rechts außen) zu Tal; ein kapitaler Steinbock (unten) äugt von schwindelnder Felsenzinne; Murmeltiere (links) sichern prüfend in den Wind, und ein schneeweißes Hermelin lugt aus seinem Versteck.

Die Alpen sind nicht mehr wenigen Wanderern und Kletterern vorbehalten, die Strapazen und Unbequemlichkeiten in Kauf nehmen, um die Hochgebirgsnatur als bescheidener Gast genießen zu können. Der Massentourismus bewirkt auch in den Bergen seit etwa 20 Jahren einen Raubbau an gewachsenen Lebensräumen. Ausgebaute Straßen fehlen in keiner Alpenregion. Sessel- und Gondelbahnen haben schon unzählige Gipfel zum Ziel der Sonntags-Kaffeefahrt werden lassen. Das ganze Jahr über schwärmen Menschen über die Höhen. Die geschützten Alpenrosen, Enzian und Edelweiß werden samt Wurzeln aus dem Boden gerissen, trotz drohender Strafen – neben dem Souvenir auch noch der Nervenkitzel des Verbotenen.

Abfallhaufen – unübersehbare Zeichen für Wanderwege und Klettersteige. Die Urwüchsigkeit der Berge ist dahin.

Im Winter wälzen sich Lawinen von Skifahrern über die Hänge, die abgeholzt und kahlgeschlagen der Leblosigkeit preisgegeben sind, auch wenn der Schnee geschmolzen ist und die Wintersportler verschwunden sind. Inmitten der nackten Liftgestänge der »Skizirkusse« wird kein Birk- und Auerhahn mehr balzen. Hier wird keine Ringdrossel mehr ihr Nest in die Latschenzweige setzen können. Schon droht der Zusammenbruch ganzer Lebensgemeinschaften, die noch vor kurzem als besonders urwüchsig, ungestört und wenig belastet galten.

Einige Tiere haben sich mit dem neuen »Mitbewohner« Mensch arrangiert. Kolkraben und Alpendohlen profitieren von den Abfallhaufen, die gedankenlos in der Bergwelt zurückgelassen werden und Klettersteigen und Wanderwege markieren. Selbst das einst so scheue Murmeltier wagt sich immer näher an die Zivilisation heran – als ein um Futter bettelndes Tierchen zur Belustigung zahlreicher Almbesucher.

Die Alpenregion kann und soll nicht mit einem Schild »Zutritt für Menschen verboten!« versehen werden. Doch es darf auch keinesfalls eine Fortsetzung oder gar Steigerung des gegenwärtigen Ansturms auf eine urtümliche Landschaft geben. In einer Zeit, da die ansässigen Bergbauern ihre Anwesen verlassen, und die unbearbeiteten Matten allenfalls für Lift- und Bergbahnbetriebe wirtschaftlich interessant sind, droht eine gefährliche Verschiebung des ökologischen Gleichgewichts in den Alpen.

Da hilft nur verstärkter und gezielter Naturschutz – zu verstehen als Rettung und Erhaltung von Pflanzen und Tieren nicht auf Kosten des Menschen, sondern im Gegenteil für ihn, für seine Lebensqualität auch in ferner Zukunft!

Leben, das im Verborgenen blüht.

Der Mauerläufer (rechts und unten) zählt zu den seltensten Vogelarten Europas. Mit seinem Sichelschnabel stochert er in Felsspalten nach kleinen Insekten. Als Kolibri der Berge bewohnt er ein Reich herrlicher Blumen: Schweizer Mannsschild (links), Mont-Cenis-Glockenblume (unten), Spinnweben-Hauswurz (rechts unten).

Adler und Geier, ihre Größe macht sie zu Herrschern der Lüfte.

Ein Gänsegeier schwebt, vom Aufwind getragen, durch sein gebirgiges Revier.

Im südlichsten Zipfel Spaniens liegt eines der wichtigsten Naturschutzgebiete Europas: der Coto de Doñana.

Naturabente

Wildes Spanien.
uer am Guadalquivir

Wenn es ein Reich der Vögel gibt, sind es die Sümpfe Andalusiens.

Löffler, Nacht- und Kuhreiher nisten auf einer Korkeiche im Coto de Doñana. Wie überdimensionale Blüten schmücken die großen Vögel den uralten Baum. Die Kuhreiher, hauptsächlich in Afrika zu Hause, bezeugen die Nähe des Coto zum schwarzen Erdteil. Für die Zugvögel sind die nahrungsreichen Sümpfe ein wichtiger Rastplatz auf dem Weg in den warmen Süden.

Spanien, die Hochburg des Pauschal- und Massentourismus, besitzt unbeachtet vom Strom der Sonnenanbeter an Costa Brava und Costa del Sol ein unberührtes Naturparadies: den Coto de Doñana.

Lebensader dieser Urlandschaft ist der Guadalquivir, dessen Quelle in der Sierra Nevada entspringt. Einst mündete dieser Strom in einem Delta in den Golf von Cadiz. Seit dem Mittelalter drängen die höchsten Sanddünen Europas die weitverzweigten Mündungsarme des Guadalquivirs in ein einziges Mündungsbett. Aus der Luft präsentiert sich der andalusische Fluß als funkelnde Wasserader inmitten einer riesigen grünen Oase der Steinwüsten Spaniens. Doch so verführerisch das Grün auch lockt, für den Menschen ist es lebensfeindlich.

1400 Quadratkilometer Land stehen hier zeitweise oder ständig unter Wasser. Die Spanier nennen dieses Gebiet las Marismas, was Sumpf bedeutet.

Es gibt giftige Schlangen, Blutegel und Myriaden von Moskitos. Nicht zuletzt wegen des feuchtheißen Klimas und – in früheren Zeiten – der gefürchteten Malaria, haben die Menschen seit Jahrtausenden diese Landschaft gemieden. Nur so blieben Coto Doñana und Marismas vom schädlichen Einfluß der Menschen verschont. Nur so konnten die riesigen Sümpfe ein Naturreservat bleiben, das einzigartig in Europa ist.

Heute sind große Teile des Coto und der Marismas per Gesetz geschützt – als National-Park. Besucher dürfen nur mit ausdrücklicher Genehmigung ins Delta. Das ist gut so: denn im Laufe eines Jahres ist die Hälfte aller europäischen Vogelarten hier zu Hause, sei es als Gast zur Rast oder Nahrungsaufnahme auf dem langen Weg nach Süden oder zum Brüten und Überwintern oder Übersommern.

Undurchdringliche Wildnis, Sümpfe und Savanne. Ein Reservat für wilde Tiere.

Seltenes Raubwild wie Pardelluchs, Wildkatze, Ginsterkatze und Manguste haben in dieser unwegsamen Wildnis eine Zuflucht gefunden. Hier fühlen sich die großen, oft seltenen Taggreifvögel wie Rohrweihe, Habicht- und Schlangenadler, Wander- und Turmfalke sowie der Kaiseradler sicher und willkommen. Ehemals waren auch die ungeschützten Teile der Marismas im Norden undurchdringliche Wildnis. Es gab keine Straßen und Wege, ja nicht einmal Pfade. Und wer das Gebiet be-

Salziges und süßes Wasser mischt sich am Guadalquivir.

Ein gigantisches Nahrungsreservoir für die Wasservögel. Ständiger Gast: Brachschwalbe (rechts). Sie jagt in der Dämmerung nach Insekten. Löffler (rechts außen) füttern liebevoll ihre Jungen. Mit ihren abgeplatteten Schnabelenden seihen sie Kleinlebewesen aus dem Delta und bringen sie zu den Nestern. Löffler leben in großen Kolonien zusammen, manchmal zu mehr als 450 Tieren. Mit bremsendem Flügelschlag landet ein Löffler weich im Geäst (unten).

Paradiesisches Vogelleben im Schilfdschungel.

Der rotbeinige Stelzenläufer (linke Seite) fühlt sich hier ebenso zu Hause wie Nachtreiher (oben) und Seidenreiher (unten).

Brackiger Sumpf und trockene Heide, im Coto liegt beides beisammen.

Wie ein funkelnder Bernstein – das Auge des Triel. Der nachtaktive Vogel liebt die offene Landschaft am Guadalquivir.

sichtigen wollte, war auf Pferd und Führer angewiesen.

In den letzten Jahrzehnten schwebte allerdings das Damoklesschwert der Urbanisation über den Marismas: Aus den fruchtbaren Sümpfen wurde das Gewächshaus Spaniens. Vor allem, weil am Guadalquivir der Frühling zweimal kommt – einmal im zeitigen Frühjahr und einmal im Herbst. Riesige Reisfelder, Ölbaumhaine und Baumwollpflanzungen entstanden zwischen unzähligen Gräben und hohen Deichen. Die ursprüngliche Pflanzen- und Tierlandschaft wurde rigoros nach Süden verdrängt. Was nicht von selbst die Flucht ergriff, wurde mit Chemie und Gewalt bekämpft und vernichtet.

Rettung, wenigstens für das restliche Delta, brachte der World-Wildlife-Fund: Die internationale Organisation von Naturschützern kaufte zwei Teile des Sumpfes auf, die Basis für den Nationalpark Coto de Doñana wurden.

In der trockenen Baum-Savanne der Coto Doñana hinterlassen Damwild, Rothirsche und Wildschweine, Füchse und Dachse ihre Spuren. Mit ein bißchen Glück lassen sich auch die Abdrücke des Pardelluchses finden. Nur noch 150 bis 200 Tiere weiß die Parkverwaltung im Revier. Diese herrlich gezeichneten Katzen waren erstmals im ganzen Mittelmeerraum heimisch, wurden aber wegen ihres rötlich-schwarz-getüpfelten Pelzes erbarmungslos verfolgt.

In den mächtigen Kronen der Pinien nisten Kolonien von Kolkraben und Blauelstern. Hier fliegen die Kolkraben oft mehrere Kilometer weit, um ihre Brut mit frischem Wasser zu tränken, das sie im Schnabel transportieren. Die Blauelster, nur auf der iberischen Halbinsel und dem Balkan heimisch, tritt in den Pinienwäldern überraschend häufig auf.

Auf den jahrhundertealten Korkeichen nisten Tausende von Löfflern und

Eine Vogelkolonie wie überdimensionale Blüten: 1300 Löffler auf einem alten Baum.

Reihern. Aus der Ferne sehen die Vögel wie überdimensionale Blüten aus. Sind die Jungen geschlüpft, zählten Ornithologen bisweilen bis zu 1300 Vögel auf einem Baum. Löfflerkolonien gibt es übrigens in Europa nur noch auf der holländischen Insel Texel am Neusiedler- und Platten-See. Das Schauspiel der großen Vögel ist so beeindruckend, daß das Auge des Besuchers die ungeheure Vielzahl der kleineren Vögel übersieht.

Raub- und Rotkopfwürger haben rings um ihren Nistplatz Eidechsen,

Wo sich das Vogelvolk heimisch fühlt.

Von der gesangstüchtigen Brillengrasmücke (rechts) über die künstlerisch begabte Beutelmeise (rechts außen) bis zur warnfreudigen Blauelster (unten) wimmelt es hier von zahlreichen Vogelarten.

Mäuse und Insekten an die Dornen von Akazien und den stacheligen Macchia-Sträuchern gespießt. In den abgestorbenen alten Teilen der Bäume hausen die Fledermäuse; Großmausohr, Breitflügel-, Bulldog-, Langflügel- und Zwergfledermaus. Diese Flattertiere machen nächtliche Ausflüge weit in die Sümpfe hinein und jagen dort reichliche Insektenbeute per Ultraschall. Fledermäuse gebären im Frühjahr ein nacktes Junges unter schmerzhaften Wehen. Danach fällt das Jungtier in eine Tasche, die das Muttertier aus der Schwanzflughaut bildet. Der Säugling kriecht ins Brustfell der Mutter. In dieser Stellung nimmt

Wichtigste Station für die Zugvögel. Wenn sie kommen, gibts Spektakel. Ohrenbetäubend.

ihn die Mutter mit auf ihre nächtlichen Jagdausflüge.

Häufig ist hier der Pirol, der Pfingstvogel und Häherkuckuck zu beobachten. Dieser Kuckuck sucht sich als Kinderstube für seine Nachkommen ausschließlich Elsternnester aus. Ein ungewohntes Bild sind auch die riesigen Nester des Weißstorches. Hier vermag er auch ohne helfendes Wagenrad ein kreisrundes Geflecht aus Zweigen zu bauen. Zur Zeit des Vogelzugs ist der Coto Doñana die wichtigste Station auf der westlichen Flugroute für die Störche aus dem Norden Europas. Unbeschreiblich ist dann auch die große Zahl der Singvogelarten. Auch ihnen dienen die Pinienkronen und die Heide als Rastplatz. Dann herrscht ein ohrenbetäubender Lärm, Zwitschern und Flügelrauschen.

Zwischen der Baum-Savanne und der Heidelandschaft liegen Süßwasserlagunen. Sie sind die Reste eines Deltaarmes vom Madre de las Marismas, der von den Dünen zugeschüttet wurde. Die Lagunen sind von sauren Wiesen, und einem breiten Schilfgürtel umrahmt. Zwischen Seggen, Binsen, Schilfrohr und Rohrkolben brüten hier im zeitigen Frühjahr Tausende von Vö-

Lebensstrotzende Wasserwüste. Fünf Monate lang. Dann erobern die Pflanzen den süß-salzigen Schlamm.

geln. Andere überwintern nur. Auch hier ist der Artenreichtum faszinierend. Die größte Lagune, Santa Olalla, ist ein wahrer Tummelplatz für die seltensten Wasservögel Europas: Purpurreiher, Ruder-, Kolben- und Marmelenten.

Hier rasten auch die Watvögel, Strandläufer, Regenpfeifer und See-

In satten Farben schwelgt die Natur.

Wo die pinkfarbenen Mittagsblumen trockene Sanddünen beleben, geht die schillernde Smaragdeidechse auf Jagd.

schwalben. Das Nahrungsangebot von Wiesen, Schilf und Wasser ist riesig. In den Lagunen ist auch Europas größter Molch, der spanische Rippenmolch, zuhause. Er wird bis zu 30 Zentimeter lang. An den Ufern sitzen lange Reihen des riesigen Seefrosches.

Im Herbst verwandeln die atlantischen Regenschauer den Coto Doñana und die Marismas in einen See von 1400 Quadratkilometern Fläche. 600 Millimeter Niederschlag in drei Monaten macht aus den Marismas eine lebensstrotzende Wasserwüste. Eine riesige zusammenhängende Tonschicht verhindert das Versickern der Wassermassen. Von November bis März stehen dann sogar weite Teile der Baumheide im Wasser. Plankton- und Algenwachstum erzeugen explosionsartig eine artenreiche Kleintierwelt. Sie dient wiederum den jetzt zum Überwintern eintreffenden Zugvögeln. Vor allem Enten, Reiher und Löffler sind auf diesen paradiesischen Empfang nach der langen Reise angewiesen. Das milde atlantische Klima verführt jährlich rund eine Million Enten und 45 000 Wildgänse zum Überwintern. 80 Prozent aller europäischen Graugänse zieht es hierher. Wenn sie den Flug zurück in die Heimat antreten, geht das Wasser bereits zurück und die freien Schlammflächen überwuchert ein riesiger Teppich aus strauchigem Glasschmalz und Gliedermelde. Beide Pflanzen dulden nicht nur den hohen Salzgehalt des Wassers, sie brauchen das Salz sogar. Über die Wasseroberfläche reckt der fließende Hahnenfuß seine weißen Blütensterne.

Nun stellen sich die Zugvögel aus Afrika ein: Taucher, Seeschwalben, Möwen, Seidenreiher, Störche, Säbelschnäbler, Brachschwalben, Seeregenpfeifer und Rotschenkel, sowie der Stelzenläufer.

Wenn Enten und Blaßhühner schon Junge haben, treffen die bunten Bienenfresser ein. Weil es weder Uferböschungen noch Anhöhen gibt, graben sie ihre Bruthöhlen in den Boden der »Vaetas«, den inselförmigen Erhebungen des Sumpfgebietes. In der Juni- und Julihitze trocknen die Schlammflächen. Jetzt versteckt sich der Messerfuß, eine Knoblauch-Kröte, in den Spalten des rissigen Schlicks.

Wenn die Sümpfe vertrocknen, sterben Fische und Frösche. Ein Festmahl für Geier und Ratten.

Frösche und Fische in den vielen Tümpeln und Wasserlachen bilden nun ein willkommenes Mahl für Vögel und Schlangen. Aus den Pinien- und Korkeichenwäldern wagen sich jetzt auch die Hirsche hervor. Doch vornehmlich sind es Wildschweine, Füchse, Hasen, Kaninchen, Ratten und Mäuse.

Wenn die Säugetiere dem Wasser folgen, ziehen auch die Geier hoch am

Europas bunteste Vögel leben hier.

Die dohlengroße Blauracke (rechts und rechts außen) nistet in Baumhöhlen und erbeutet ebenso wie der in Erdhöhlen nistende Bienenfresser (links und oben) vor allem Insekten, manchmal auch Frösche und Eidechsen.

Himmel weite Kreise. Denn die Hitze bringt den vielen Fischen den sicheren Tod.

Im inneren Teil der Marismas, den »las Nuevas« bleibt das ganze Jahr über nur in einigen Tümpeln und Deltaarmen Wasser. Hier nisten Purpurreiher neben Entenkolonien und Weißbartseeschwalben. Der Purpurreiher beherrscht eine ausgefeilte Jagdtechnik: Er schreitet lautlos durchs Wasser, verharrt minutenlang in starrer Körperhaltung, bis er einen Fisch mit zielsicherem Schnabelstoß harpuniert. Mit kräftigem Schütteln befreit er den Schnabel von der Beute und verschluckt den »fliegenden Fisch« mit dem Kopf voran. An diesen brackigen Seen brüten

Die wilden Schweine haben keine Feinde. Sie fressen die wenigen Eier der Flamingos.

auch wieder europäische Flamingos. Über 6000 dieser Tiere leben am Guadalquivir. In Europa sind sie nur noch in der südfranzösischen Camargue zu finden. In den Marismas geben sie einem See ihren Namen: Lucio de Mari-Lopez, der Flamingo-See. Er liegt zwischen dem Guadiamar und dem Travieso. Flamingos sind nicht ständig in den Marismas. Wissenschaftler der Reserva Biologica de Doñana entdeckten, waum die Flamingos seit vier Jahren brü-

ten, jedoch manchmal keine Jungen aus den Eiern schlüpfen: Rudel von Wildschweinen plündern die Nester. Die Wildschweine der Coto haben keine Feinde. Früher hielten Wolf und Mensch sie in Grenzen. Aber Jagd ist in den Marismas offiziell verboten (was nicht heißt, daß es keine Jagd mehr gibt) und die sechs einzigen Wölfe leben in einem Gehege – die Kehrseite des ökologischen Gleichgewichts »einer geschützten Landschaft«.

Flamingos seihen mit ihren seltsam krumm geformten Schnäbeln Kleinstlebewesen – Salinenkrebse, Algen und Einzeller und organische Schwebstoffe aus dem Wasser. Täglich laufen 120 Liter Wasser durch einen Flamingoschnabel, bis rund 120 000 der winzigen Krebse ihn satt machen. Der europäische Flamingo bevorzugt zur Futtersuche und zum Nisten brackige und salzige Gewässer. Flamingos leben fast immer in großen Kolonien zusammen. Auch am Flamingosee ist die Gruppe bis zu 2 000 Tiere stark. Wenn die majestätischen Vögel durchs flache Wasser schreiten, wirkt ihr Federkleid wie rosaüberhauchtes Weiß. Gerät die Kolonie aber in Aufregung und rüstet sich der Schwarm zum Abflug, verfärbt sich das Weiß in zartes und später kräftiges Rosa. Diese Verfärbung verursachen die scharlachroten Flügeldecken, wenn die Schwingen zum Flugversuch gespreizt werden. Aus der Ferne beobachtet, sieht der Schwarm so aus, als wechsle er die Farbe.

Zu den interessantesten Tieren des Coto und der Marismas zählt die Manguste, der europäische Mungo. Er ist Zeuge jener prähistorischen Verbindung von Afrika und Europa. Durch die Straße von Gibraltar wurde er von seinen Ahnen und Verwandten in Nordafrika getrennt und entwickelte sich zu einer eigenen Unterart. Die Manguste ist als schleichender Räuber bekannt. Sie plündert tagsüber gern Vogelnester,

Der Kaiseradler ist der gewaltigste Greifvogel im Coto de Doñana. Vielleicht noch lange.

ernährt sich aber hauptsächlich von Kleinsäugern und Reptilien. Vor allem Schlangen werden von dem mutigen Tier verfolgt und gefressen. Dabei braucht die Manguste das Gift der Schlange nicht zu fürchten. Sie sträubt ihr Fell und bläht sich dadurch auf fast doppelte Körpergröße auf. So trifft der Biß der Schlange lediglich das Fell. Mungos können aber auch eine gehörige Portion Schlangengift vertragen.

Unvergeßlichen Eindruck machen die mächtigen Kaiseradler. Dieser schöne Greifvogel mit einer Flügelspann-

Ein Paradies für Reiher.

Für Rallenreiher (rechts), Graureiher (unten) und schimmernde Seidenreiher (rechts außen) hält das Mündungsdelta des Guadalquivir ein fast unerschöpfliches Nahrungsangebot bereit. Denn wo sich Fluß- und Meerwasser vermischen, haben Algen und viele Planktonarten das ganze Jahr über Hochsaison. Das lockt auch die Fische.

weite von fast zwei Metern ist der iberische Vertreter dieser majestätischen Vogelart. Als Verwandter des Steinadlers hat er zwar seine Gestalt, unterscheidet sich aber durch die weiße Zeichnung seiner Schulterfedern. Neben den drei Geiern, die in dem Coto heimisch sind, Mönchs-, Schmutz- und Gänsegeier, ist er der gewaltigste Vogel über dem Guadalquivir-Delta. Auffallend ist überhaupt die große Zahl der Greifvögel. Von den 38 europäischen Arten nisten 27 in den Doñana-Pinien und den Wachtürmen am Strand.

Es besteht Hoffnung, daß Coto Doñana und Marismas überleben. Schon einmal, vor 3000 Jahren, soll der Guadalquivir den einzigen und zugleich großartigsten Besiedlungsversuch durch den Menschen verhindert haben. 500 Jahre vor Christus versanken, einer Überlieferung zufolge, die Ruinen der Stadt Tartessos auf einer Sandinsel vor dem Delta. Ohne Spuren.

▷

Für ein makellos weißes Federkleid ist dem Seidenreiher keine Mühe zu groß. Die langen Schmuckfedern wachsen nur zur Brutzeit.

AFR

IKA

Lebensfeindlicher als die hitzeflimmernden Ebenen der Sahara ist – von den Polarregionen abgesehen – kein anderer Teil der Erde.

Ü

Glutofen Sahara.
berleben in der Hölle

Spiegelbilder beleben eine Fata Morgana.

Gespenstisch im roten Licht der Wüstensonne scheinen die Kamele über der steinigen Ebene zu schweben – Lichtbrechung erzeugt die Vision eines Gewässers, ein Trugbild, das schon manchem zum Verhängnis wurde.

Das Zukunftsbild der Erde liegt nur 4000 Flugkilometer von Europa entfernt: die größte Einöde der Welt, die Wüste Sahara. So groß wie die Vereinigten Staaten von Amerika – über 5000 Kilometer lang und nahezu 2000 Kilometer breit – erstreckt sich die Sahara wie eine riesige Wunde der Erde vom Atlantischen Ozean im Westen bis zum Roten Meer im Osten.

Ohne schützende Vegetation und lebensspendenden Mutterboden öffnet sie nicht nur unseren Blick auf Tausende und Millionen Jahre Erdgeschichte, sondern sie beweist uns mit geradezu gespenstischer Deutlichkeit, wie unsere Erde einmal aussehen könnte. Rücksichtsloser Raubbau durch Wirtschaft und Landwirtschaft – bisher sinnentstellend »Kultivierung« genannt – ist Wegbereiter für den sicheren Tod von einst blühenden vegetationsreichen Gebieten gewesen. Auch die endlosen Sandmeere, Kiesfelder, Fels- und Gebirgswüsten der Sahara waren einmal grünes fruchtbares Land. Und die Blütezeit der Wälder Nordafrikas ist noch gar nicht so lange vorbei. Unmengen von traumhaft schönen Höhlenzeichnungen – ca. 7000 Jahre alt – berichten uns vom vergangenen Reichtum der nordafrikanischen Landschaft: Die prähistorischen Zeichner lebten als Jäger in einem wahren Schlaraffenland. Es wimmelte von Elefanten, Giraffen, Leoparden und vielen Wildtieren aus Wald und Savanne.

Als in Europa die Eiszeit zu Ende ging, veränderte sich das Klima in Nordafrika: es wurde heißer, die reichlichen Regenfälle seltener. Auf die Jäger folgten Viehhirten, die das Land erstmals »bewirtschafteten«. Riesige Rinderherden weideten in den weiten Tälern und später auch an den Berghängen. Der Wald am Nordrand der heutigen Sahara fiel den Karthagern zum Opfer. Sie brauchten Holz für ihre Schiffe.

Etwa 1000 vor Christus kamen die Pferde, während die Rinderherden den

Wenn der Wind die fruchtbare Erde verweht, kommt die Wüste. Unaufhaltsam und endgültig.

Wildtieren nach Süden folgten. Doch auch die Pferde wurden bald nicht mehr satt. Ihren Platz nahmen die Kamele ein und statt der Viehzüchter verblieben nur noch Nomaden in der trockenen, immer heißer werdenden Landschaft. Seit der Zeitenwende breitet sich die Sahara mit enormer Geschwindigkeit nach Norden und Süden aus. Besonders in der Sahelzone, dem

Die Wüste lebt – trotz tödlicher Hitze.

Fennek, der Wüstenfuchs (oben), kommt in der Regel erst nachts aus seinem unterirdischen Bau hervor. Heuschrecken (Mitte) und Flughühner (rechts außen) erweisen sich in dieser Umwelt, wo Gräser noch in 90 Grad heißem Sand wachsen, als Überlebenskünstler.

trockenen Grenzgebiet von Wüste und Savanne, hat das Versiegen des Wassers heute katastrophale Folgen: Übergroße Rinder-, Schaf- und Ziegenherden beißen, von Hunger und Durst geplagt, das Gras und die Büsche bis auf die Wurzeln herunter. Damit leiten sie immer noch jene verhängnisvolle Kettenreaktion ein, die einst die Sahara zur Wüste machte: Wenn die Pflanzen nicht mehr leben, wird der nackte Mutterboden zum Treibgut des Windes.

Was hier am Leben bleiben will, muß den Würgegriff der Sonne ertragen können. Sand, Kies, Geröll und Fels werden bis zu 80, mitunter bis zu 90 Grad heiß. Nachts sinken die Temperaturen zuweilen unter den Gefrierpunkt. In

Was leben will, muß den Würgegriff der Sonne ertragen können. Oder sich verstecken.

den 3 000 und mehr Meter hohen Bergen der Zentral-Sahara richtet der nächtliche Frost erhebliche Zerstörungen an. Er sprengt ganze Felsmassive auseinander und teilt die Berge.

In den nachfolgenden Jahrmillionen wurde die Sahara von Vulkanausbrüchen mitgeformt. Lava floß in die Gebirgstäler und liegt dort auch heute noch mehrere hundert Meter dick. Die aus Lockermassen aufgeschütteten, oft 3 000 Meter und mehr hohen Krater dagegen wurden von Wind und Wasser abgetragen – die Basaltschlote blieben als unübersehbare Mahnmale vergangener Zeiten wie die Türme riesiger Geisterstädte stehen. Die Flüsse lagerten die gewaltigen Schuttmassen in den Ebenen ab. Hier teilte der Wind den leichten Sand vom Kiesel und türmte ihn zu Meeren von Wanderdünen auf, deren einzelne »Berge« über 300 Meter hoch und Dünenketten oft 100 Kilometer und mehr lang sind.

Die Sandlandschaften der Sahara nehmen jedoch »nur« ein Drittel der gesamten Fläche ein. Sie sind von so gleichmäßiger, ästhetischer Schönheit, daß man leicht ihre todbringende Wandereigenschaft übersieht. Meter um Meter ersticken sie die einzigen grünen Flekken der Wüste – die Oasen.

Im Saharasand schwimmt, es klingt grotesk, ein Fisch: Der Sandfisch, der »poisson de sable« oder auch Skink genannt wird. Das Tier, das zu den Glattechsen gehört und in der Tat mehr an einen Fisch als ein Reptil erinnert, braucht lockeren Sand zum »Schwimmen«. Vor den Sonnenstrahlen geschützt, kann der Sandfisch nach Insektenlarven und anderen Kleintieren tauchen und seinen Verfolgern davonschwimmen.

Und in der Nähe lebensspendenden Wassers gibt es viele Verfolger: Hyäne und Schakal sind die größten, Wüstenfuchs, Falke, Hornviper, Rabe und Raubwürger sind zwar kleiner, für den Skink jedoch ebenso lebensbedrohend. Fressen und gefressen werden, der Kampf um Wasser und der Schutz vor sengender Sonne hat in der Wüste zu den merkwürdigsten Verhaltensweisen und Eigenschaften geführt. Das Leben

Sommerstarre – das perfekte Rezept zum Überleben. Jahre später erwachen die Wüstenschnecken.

– also Fressen, Jagen und Paarung findet in der sonnenarmen Zeit, in der Dämmerung und nachts statt. Wenn die Kraft der Sonne schwindet, regt es sich im Sand, auf den Felsen und zwischen den Kieseln der Schotterebenen. Dann schnellt der Kopf der Hornviper aus dem Sandversteck nach einer vorüberhuschenden Springmaus. Die überlangen Giftzähne dieser gefährlichsten aller nordafrikanischen Wüstenschlangen, brauchen den Körper der kleinen Maus nur zu berühren, um ihr den Tod zu bringen.

Ja keine Bewegung zu viel machen! Das verbraucht Energie und vor allem kostbares Wasser. Völlig ohne Wasser kann nur ein Tier wirklich jahrelang überleben: die Wüstenschnecke. Vier Jahre lang schlief ein solches Tier in einem Londoner Museum, bis man es

Kampf ums Dasein bei 60 Grad in der Sonne.

Während der Paarungszeit tragen Dornschwanzleguane heftige Revierkämpfe aus, die jedoch nur ganz selten blutig enden. In der Regel ist das Kräftemessen entschieden, wenn einem der Streithähne ein »Schulterwurf« gelingt.

in Wasser legte. Mit dem Wasser kam wieder Leben in die Schnecke. Sommerstarre nennen Wissenschaftler diesen phänomenalen Vorgang.

Rennmäuse leben in der Sandwüste ebenfalls ohne zu trinken. Sie nehmen das zum Leben nötige Wasser aus der Nahrung. Sie werden ihrerseits wieder Opfer von Skorpionen oder Walzenspinnen. Diese bis zu 15 Zentimeter großen Gliederfüßler haben ein seltsames Rezept zum Wassersparen entdeckt: Bei der Paarung drückt das Walzenspinnenmännchen dem Weibchen eine Spermakapsel in den Hinterleib, damit die arterhaltende Flüssigkeit nicht so schnell verdunstet. Die zum Leben nötige Feuchtigkeit saugt die Spinne aus den erjagten Beutetieren.

Ein wahrer Tarnkünstler ist die Manganheuschreucke. Durch die Hitze überziehen sich die Gesteinstrümmer der Sahara mit Metallausscheidungen aus dem Gesteinsinneren. Aus braunem wird dann schwarzer Schotter. Ihm paßt sich die Manganheuschrecke täuschend ähnlich an. Wie sie auf den heißen Steinen überlebt und was sie frißt, ist bis heute nicht bekannt.

Ihre weitläufigen Verwandten, die Wüstenheuschrecken, sind dagegen seit Jahrtausenden von Menschen beobachtet worden. Sie brachten der menschlichen Kultur regelmäßig Hungersnöte. Was noch vor Hunderten von Jahren – für die Araber heute noch – als Schicksal oder Vorsehung gedeutet wurde, ist inzwischen weitgehend erforscht. Die riesigen Schwärme der großen buntschillernden, alles fressenden Insekten entstehen durch günstige Lebensbedingungen in den Brutgebieten: Regenreiche Winter lassen die zunächst harmlosen kleinen Grashüpfer in den Wadis südlich des Ahaggar-Gebirges ein paradiesisches Leben führen. Doch je mehr Tiere an einem Fleck leben, umso wahrscheinlicher wird aus der nächsten schlüpfenden Brut eine Schwarm-Generation. Dann steigen, wie auf ein geheimes Kommando, Millionen und Milliarden der fettgefressenen Tiere in die Lüfte und lassen sich von den immerfort wehenden Passatwinden in Gebiete tragen, die Tausende von Kilometern entfernt liegen. Wo sie zur Rast einfallen, hageln sie wie Geschosse auf die Erde und fressen alles kahl. Dabei machen sie keinen Unterschied zwischen einem Strauch, einem Baum oder einer Wäscheleine. Die Araber gaben ihnen den treffenden Namen »Zähne des Windes«.

Heuschrecken fressen alles, was ihnen vor die Fühler kommt. Pflanzen, Tiere, sogar Holz und Papier.

Agamen fühlen sich bei hohen Temperaturen erst richtig wohl.

Auch in der Höllenglut der Wüstensonne lauern Minidrachen auf Beute.

Wohl das hübscheste Tier der Wüste ist der Fennek, der Wüstenfuchs. Mit überdimensionalen Ohren und einem possierlichen Gesicht zeigt er viel Ähnlichkeit mit einer Katze. Die übergroßen Ohren des nachtaktiven Tieres sind lebensnotwendig: Mit ihnen kann er jedes, auch noch so leise Geräusch eines Käfers oder einer Maus ausmachen. Am Tage dienen ihm die gut durchbluteten Lauscher als Kühlung.

Auch der Fennek ist nicht direkt aufs Wasser angewiesen. Sein größerer Verwandter, der Blaßfuchs braucht wie Schakal und Hyäne eine Tränke. So ist die Spur des Fenneks für den Wüstenreisenden noch lange nicht ein Zeichen für die Nähe eines Brunnens oder einer Gelta, eines Quellteichs zwischen den Felsen der Berge. Im Ahaggar-Gebirge sind es die »Geltas«, die den zentralen Punkt tierischen und pflanzlichen Lebens bilden.

Zu den Experten, die das Wüstenklima meistern, gehört die Dornschwanzagame. Diese bis zu 60 Zentimeter lange Echse ernährt sich von Pflanzen. Wie alle Echsen kann sie keine Körperwärme produzieren. Morgens braucht sie deshalb ein ausgiebiges Sonnenbad, um »lebendig« zu werden. Steigt die Temperatur in den Bereich über 40 Grad, wechselt das Tier blitzschnell die Tönung von Dunkel ins Helle, um besser die Sonnenstrahlen zu reflektieren. Nachts, wenn die Kälte den Körper unbeweglich macht, verkriecht sich die Agame in eine Felsnische oder unter einen Stein und versperrt den Eingang mit dem dornenbewehrten Schwanz.

Die Krötenkopfagame versinkt auf die merkwürdigste Weise im Sand: Ihr Körper vibriert und schüttelt sich in die kühleren Schichten. Hier ist das Tier vorm Austrocknen sicher. Echsenpanzer haben zwei Eigenschaften, um Wasser zu sparen: Unter den Schuppen sammelt sich in den frühen Morgenstunden Tau und die Hornplatten schließen den Körper hermetisch ab. Feuchtigkeit kann nur über die Körperöffnungen austreten. Wird es den Tieren zu warm, öffnen sie einfach das Maul.

Geradezu phänomenale Eigenschaften des Überlebens werden den Dromedaren nachgesagt. Diese für die Wüste riesigen Säugetiere sind zwar von Kopf bis Fuß auf Hitze eingestellt, doch ohne Wasser können sie nur wenige Tage leben. Dromedare stammen von den zweihöckrigen Kamelen ab, die wild nur noch im Himalaya vorkommen. Dromedare sind seit nahezu 6 000 Jahren Haustiere der Nomadenvölker

Nur die Mendesantilope lebt wirklich ohne Wasser. Kümmerliches Gras stillt ihren Hunger und ihren Durst.

Nordafrikas und Arabiens. Wie kein anderes Tier haben sie die Wüste für den Menschen »bewohnbar« gemacht.

In den Bergen des Ahaggar und des Tassili leben nur noch wenige Exemplare eines anderen Überlebenskünstlers, der Mendesantilope. Dieses Tier deckt seinen Wasserbedarf monatelang durch die kümmerliche pflanzliche Nahrung. Und in regenarmen Jahren kommt die Antilope gänzlich ohne

Anpassung ist das halbe Leben.

Mit schlängelnden Bewegungen gräbt sich eine Wüstenviper in den heißen Sand (links oben und Mitte). Eine Hornviper (rechts außen) ist bereits auf »Tauchstation« gegangen und lauert auf Mäuse, Echsen und Vögel. Vergängliche Kunstwerke des Windes: Wanderdünen (rechts) auf ihrem ruhelosen Marsch durch die Sahara.

Wasser aus. Um ausreichend Nahrung zu finden, unternimmt sie lange Wanderungen in den Süden bis weit in die Sandwüsten von Tanezrouft und Ténéré. Rücksichtslose Jagd haben den einstmals großen Bestand der Tiere wie auch der felsbewohnenden Mähnenschafe auf ein Minimum reduziert.

Eine wirksame Methode zum Überleben in der Wüste haben die Flughühner: Ihre Gelege befinden sich weitab von den Wasserstellen und Oasen. Mit der Entfernung nehmen nämlich auch die Raubtiere ab. Sechs und mehr Kilometer vom nächsten Wasserloch ziehen sie ihre Kinder auf. Ohne Wasser? Das Rätsel ist inzwischen gelöst: Der Flughuhnvater hat sein Brustgefieder zum Wassertank umfunktioniert. Er taucht seine Brust in die Wasserstelle, spreizt die Deckfedern und läßt den filzigen Flaum wie einen Schwamm voll Wasser laufen. Mit den darübergeklappten Deckfedern schützt er seine »Fracht« auf dem Heimflug vor Verdunstung. Wie Säugetiere trinken die Küken das durststillende Naß. Natur ad absurdum: Ein Vater – noch dazu ein Vogel – säugt seine Kinder!

Alles tierische Leben konzentriert sich auf die Wüstengebiete mit Pflan-

Leben auch in den Steinwüsten.

Nur ein knappes Drittel der Sahara ist mit Sanddünen bedeckt, der Rest dieser größten aller Wüsten ist öde Gebirgswildnis (links). Waldrapp (links außen), Elefantenspitzmaus (rechts unten) und gelbblühende Schuppenwurzarten (links unten) deuten darauf hin, daß selbst diese »Mondlandschaft« nicht völlig leblos ist.

Wanderdünen auf Schritt und Tritt. Und er macht sogar Richtungsänderungen mit. Das Geheimnis um diese Fähigkeit ist zwar noch nicht ganz gelüftet, aber es hängt mit seinen Wurzeln zusammen, die sich mit Sand und Wind ausbreiten.

Wie grüne Tupfer nehmen sich die Oasen aus dem tristen gelblich-braunen und schwarzen Landschaftsbild heraus. Dattelpalmen und andere Kulturpflanzen säumen die von Menschen bewohnten Feuchtinseln des Wüstenmeeres.

Die Oasen werden meist aus unterirdischen Gesteinsschichten mit Wasser versorgt. Tief unter der Erde, so ergaben Erdölbohrungen, liegt eine wasserführende Schicht. Der französische Hydrologe Sovornin entdeckte ein gewaltiges unterirdisches Meer, dreimal so groß wie die Bundesrepublik Deutschland. Hier ruhen Milliarden Kubikmeter Wasser – ungenutzt. Jetzt, wo das Erdöl nur noch wenige Jahre fließen wird, beginnen die neuzeitlichen Wüstenbewohner die gewaltige Wasserblase anzubohren. Riesige moderne Oasen im Plantagencharakter entstehen. Doch für eine neue Oase muß eine natürliche Wasserstelle in der Wüste sterben. Denn auch der unterirdische Wasservorrat ist begrenzt.

zenbewuchs. Nach den winterlichen Regenfällen verwandeln sich weite Teile der sonst so trostlosen Wüste in ein kurzlebiges Blütenmeer. Förmlich über Nacht keimen im Sand hitzebeständige Samenkörner der Wüstenblumen. Wie verzaubert wirkt dann die Landschaft. »Acheb« nennen die Araber den grünbunten Überzug der Wadis

Ein paar Tage lang grünt und blüht die Wüste. Dann verschwindet das Leben. Oft jahrelang.

und Hänge. Doch schon nach 15 Tagen ist der Blütenzauber vorbei – die Samen sind ausgestreut, verkapselt für eine jahrelange Wartezeit auf den nächsten Regen.

Als Erinnerung an die wasserreichen Zeiten der Sahara haben im Air-Gebirge südlich vom Ahaggar 3 000 Jahre alt Ölbäume überlebt. Auch die 70 Duprez-Zypressen im Tassili-Gebirge sind ein Überbleibsel mediterraner Vergangenheit. Eine andere Technik des Überlebens hat der »wandernde Baum«. Nicht größer als ein Busch folgt er den

Nicht der tropische Regenwald am Äquator, sondern die weiten Grassteppen und Savannen sind die tierreichsten Gebiete der Erde.

In

Jäger und Gejagte.
wildreicher Savanne

Die großen Herden der Pflanzenfresser gehören zu den Gejagten.

Allein das Grasmeer der Serengeti beherbergt in den Frühjahrsmonaten mehr als eine Million Huftiere. In riesigen Herden bevölkern dann Gnus, Zebras und Gazellen die nahrungsreiche Hochebene im Norden Tansanias.

Wer Afrika sagt, meint Savanne. Jene riesigen tropischen Grassteppen des schwarzen Kontinents. Doch die Savannen Afrikas strecken sich vom Kap der Guten Hoffnung im Süden bis zum Roten Meer im Norden und von dort parallel des Äquators bis zum Atlantischen Ozean. Anders als Urwald und Wüste sind die Savannen voll vom sichtbaren Leben der großen Tiere: Die Savanne ist die Heimat von Elefant und Löwe, Giraffe und Leopard, Strauß und Hyäne, Flußpferd und Krokodil.

Die afrikanischen Savannen gliedern sich aufgrund klimatischer Gegebenheiten in drei Vegetationszonen: Die Feuchtsavannen bieten riesigen Tiergemeinschaften ganzjährig eine Lebensgrundlage, während sich in den Trokken- und Dornsavannen mit sechs bis acht Monaten Trockenzeit die großen Herden der Gnus, Zebras, Giraffen, Antilopen, Gazellen, Nashörner und Elefanten auf die Wanderung in neue Weidegebiete begeben.

In dem Savannengürtel zwischen der Sahel-Zone im Norden und der Kalahari-Wüste im Süden befinden sich auch die meisten Nationalparks, Schutzzonen und Reservate für afrikanische Wildtiere. Meine Expeditionen ins Tierreich führten mich in fast alle Savannen Afrikas. Am meisten faszinierten mich die Savannen östlich des Viktoria-Sees, zwischen Ngorongoro, dem Kilimandscharo und dem Mount Kenia. Hier befindet sich das afrikanische Rift-Valley – eine geologisch hochinteressante Grabenformation – die Folge gewaltiger Kontinentalverschiebungen unserer Erdkruste ist. In 20 bis 30 Millionen Jahren wird hier ein neuer Ozean entstanden sein. Seine Geburt hat bereits begonnen: Die Seen-Kette im Graben ist mit ätzender Lauge aus dem Erdinneren gefüllt.

Der König der Tiere, der Löwe, ist gar nicht so mutig. Oft läßt er die Hyäne für sich jagen.

Südlichster Punkt dieser Kontinentaldrift ist der Ngorongoro-Krater, unweit der berühmten Oldoway-Schlucht, in der die Vor- und Frühgeschichte des Menschen ausgegraben wurde. Mit 20 Kilometern Durchmesser ist der Ngorongoro der größte erhaltene Krater der Erde. Geologen bezeichnen ihn eher als Kaldera, die von einem Hochland der Riesenkrater umgeben ist. Mitten im Krater befindet sich ein Soda-See. Trotz der gewaltigen Höhe von über 2 000 Metern über dem Meer ist der Ngorongoro ein Reservat

Einzelgänger gibt es auch unter Herdentieren.

Verborgen in der Pflanzenwildnis der Savanne hat jede Tierart auch ihre Heimlichtuer. Rappenantilopen (links außen), Impalas (links unten), Elenantilopen (links) und Wasserböcke (unten) sind typische Bewohner dieser Gras- und Strauchwildnis.

üppiger Savannenvegetation und einer einmalig vielfältigen Tierwelt.

Berühmt wurde der Schutzpark unter anderem durch die wissenschaftliche Sensation, wonach nicht etwa die Hyäne feige sei, sondern der für seine Tapferkeit so gerühmte Löwe. Der holländische Zoologe Hans Kruuk und die Amerikanerin Jane Goodall beobachteten Hyänen-Clans im Ngorongoro-Krater. Sie sahen, wie die Hyänen entgegen ihrem Ruf als Aasfresser ihre Beute wahrhaft draufgängerisch erlegten – während die Löwen eher jedes Risiko vermieden. George B. Schaller registrierte die Könige des Tierreichs als ruhige, schlafende Familien, die nur dann auf Jagd gingen, wenn der Magen knurrte. Löwen ernähren sich im Ngorongoro-Krater nur zu einem Drittel aus selbsterlegter Beute. In den meisten Fällen jagen sie den Hyänen bereits getötete Beutetiere ab.

Wenn Löwen jagen, ist das allerdings schon ein faszinierendes Schauspiel: Ohne den männlichen Rudelführer jagen Löwinnen oft im kollektiven Jagdverband. Diese Taktik wenden sie im übersichtlichen, deckungsarmen Grasland an. Während eine Löwin tiefge-

duckt im Gras liegt, umkreisen die anderen Rudelgenossinnen eine Gnuherde. Dabei geben sie sich keine Mühe, unentdeckt zu bleiben. Im Gegenteil: sie starten – falls die Herde auf ihr Erscheinen nicht reagiert – mitunter erst einen Scheinangriff.

Die Gnus werden in ihrer Fluchtrichtung genau auf die lauernde Löwin gesteuert. Sind die Gnus nahe genug herangekommen, springt die Löwin aus der Deckung. Mit riesigen Sätzen überrascht sie ein Tier. Der folgende Todeskampf des Herdentieres kann bis zu 10 Minuten dauern. Die Löwin verbeißt sich dabei in Maul oder Hals des Beutetieres, bis es erstickt.

Von der Beute frißt das ganze Rudel. Zuerst die Männchen, dann die Weibchen. Für die Kinder bleibt der Rest.

Auch bei der einzeln ausgeführten Jagd tötet sie mit dieser Methode. Der Tötungsbiß ist dabei jedoch das leichteste Manöver. Zuerst muß die Löwin ein Tier aus der Herde auswählen. Dazu schleicht sie sich besonders nah an die Herde heran. Bei unübersichtlichem Gelände oder hohem Bewuchs gelingt ihr das in den meisten Fällen. Nehmen die Beutetiere durch einen Vogelruf Notiz von der Löwin oder wittern sie gar ihre Nähe, bleibt der Katze nichts anderes übrig, als sich der panischen Flucht der Herde anzuschließen. Dabei versucht die Löwin ein einzelnes Tier von der Herde zu isolieren. Dazu mobilisiert sie ihre ganze Körperkraft. Im Sprint wird sie bis zu 80 Stundenkilometer schnell. Dieses Tempo kann sie jedoch nicht lange halten. Und so werden allenfalls junge oder kranke Tiere ihre Beute.

An dem erjagten Tier frißt das ganze Rudel, allerdings nach einer strengen Rangordnung. Zuerst verschlingen die Männchen die besten Brocken, dann dürfen die Weibchen fressen und zuletzt sind die Jungen an der Reihe – sofern noch etwas übrig ist. Rund 50 Prozent der Junglöwen sterben in der Savanne an Hunger. Eine einfache Methode der Geburtenregelung, aber notwendig, damit die großen Beutegreifer sich nicht selbst der Nahrung berauben.

Löwen gehören zu den Gesundheitspolizisten der Savanne. Auch wenn sie normalerweise nicht eine Giraffenherde verfolgen, kommt es doch vor, daß sie kranke oder schwache Tiere erbeuten. Die sanften Riesen jagen die Löwen jedoch im Normalfall mit gewaltigen Hufschlägen in die Flucht. Oder sie fliehen in gewaltigem Galopp.

Savannentiere, die jeder kennt.

Ihre respektable Größe macht Elefanten (oben) zu den eigentlichen Herrschern der Savanne. Zebras (rechts) bilden mit den Gnus die wichtigste Nahrungsgrundlage für Löwen. Hyänen und Geier (rechts oben) begnügen sich zumeist mit den Resten.

Rund 11 000 der majestätischen Tiere leben in der benachbarten Serengeti. Giraffen gibt es seit 25 Millionen Jahren. Aus kaum hirschgroßen Huftieren haben sich die schlanken Giganten entwickelt. Sie werden bis zu sechs Meter hoch. Nur so können sie an die belaubten Zweige der großen Akazien heranreichen. Diese einseitige Spezialisierung auf Blätter hat freilich auch zu einem Nachteil geführt: Beim Trinken müssen die Giraffen die Vorderbeine weit auseinanderspreizen. In dieser Haltung werden sie ein leichtes Opfer der Löwen, Leoparden und Hyänen.

Giraffen haben eine eigenartige Herdenstruktur: Sie werden nicht von einem Leitbullen geführt, sondern der

▷

Erwachsene Giraffenbullen können eine Größe von fast sechs Meter erreichen. Sie können Bäume entblättern, die selbst für Elefantenrüssel zu hoch sind.

Herde gehören nur weibliche Tiere und Kälber an. Die paarungsfähigen Männchen dagegen leben in festgelegten Revieren, zwischen denen die Herden mit den Weibchen und Jungtieren hin- und herpendeln. So stellt die Natur auf einfache Weise sicher, daß nicht alle Jungtiere von einem Vater gezeugt werden.

Von den Giraffenkindern überlebt nur eins von dreien die ersten zwölf Monate. Auch wenn die Mütter ihre Kinder mutig und entschlossen verteidigen, gegen ein jagendes Rudel Löwen oder Geparden haben sie keine Chance. Wie häufig bei Herdentieren gründen auch Giraffen sogenannte Kindergärten. Dazu überlassen viele Mütter einer Giraffe die Aufsicht über ihre Kinder. Ein solcher Kindergarten ist in der Baum- und Strauchsavanne häufig Anziehungspunkt für Beutegreifer.

Sechs Meter über dem Boden: Der Kopf der Giraffe. So kommt der Riese an saftige Akazienblätter.

Giraffen haben eine ganz besondere Zeichnung des Fells. Ähnlich unseren Fingerkuppen ist das Netzwerk ihrer Färbung einmalig. Keine Giraffe gleicht völlig einer anderen.

Trotz der hohen Sterblichkeit der Jungtiere ist die Zahl der Giraffen in den letzten Jahren bedrohlich angestiegen. Bedrohlich für die verhältnismäßig wenigen Bäume der Savanne. Schon ist der Akazienbestand in akuter Gefahr, zumal junge Bäume kaum noch nachwachsen. Sie werden – sollten sie die Buschfeuer verschonen – frühzeitig von Antilopen und den stets hungrigen Elefanten verzehrt.

In der Serengeti scheint sich bereits eine ökologische Katastrophe anzubahnen. Im Manyarasee-Park, im Süden des Ngorongoro-Schutzgebietes, haben große Elefantenherden Büsche, Bäume und Grasflächen überweidet. Der Pflanzenwuchs verkümmert nicht nur, er hat keinerlei Chance nachzuwachsen. Eine riesige Erosion setzt an den Hängen ein. Schon begeben sich die Elefantenherden auf Wanderschaft. In der Serengeti sind die ersten schon eingetroffen – auch wenn die Serengeti gar kein Elefantenland ist.

Noch ist keine Lösung in Sicht – Abschuß oder der Natur ihren Lauf lassen? Solange Park-Manager und Naturschützer miteinander nach der besseren Lösung suchen, haben die Elefanten einstweilen Ruhe. Elefanten sind gar nicht für die Savannen-Hitze ausgerüstet. Sie mögen es lieber kühler. Deshalb ist es nicht ungewöhnlich, wenn die mächtigen Tiere am Mount Kenya plötzlich in 4000 Metern Höhe auftauchen – im Bereich des ewigen Schnees!

Kein anderes Huftier ordnet sich so in der Herde unter wie das Gnu.

Die jahreszeitlichen Wanderungen der Gnuherden gehören zu den ungewöhnlichsten Naturschauspielen, die es heute noch auf der Erde zu sehen gibt. Schwache und alte Tiere, aber auch versprengte Kälber, werden von Raubkatzen (rechts unten: Gepard überwältigt Gnu) als Beute bevorzugt.

Wissenschaftler haben für die Wärmeempfindlichkeit des mächtigsten Landtieres der Erde schon eine Erklärung parat: Die gewaltigen Fleischmassen seines Körpers müssen regelmäßig gekühlt werden. Ein Sonnenbad in der Serengeti ohne Wasser würde einem Elefanten zum Verhängnis. Anders als die Säugetiere der Savanne hat der Elefant so gut wie keine Schweißdrüsen. Nur mit den fast zwei Quadratmeter

Ohne Wasser kann der Elefant nicht leben. Ein Bad muß den massigen Körper kühlen. Täglich.

großen Ohren kann er sich ein wenig Frischluft zufächeln; allerdings gelingt das nur abends oder im Schatten hoher Bäume. Am Tage legt er die besonders stark durchbluteten Ohren eng an den Körper an, um sie auf diese Weise so wenig wie möglich der Hitze auszusetzen. Was den Elefanten in dieser für ihn so feindlichen Welt überleben läßt, ist seine Intelligenz. Mit ihr kann er es auch ohne eigene Kühlung in den Tropen aushalten. Um seinen Körper vor einem Hitzeschock zu schützen, benutzt er Kühlwasser. Mit Hilfe seines Rüssels nimmt er wenigstens einmal am Tag ein Duschbad. Ist ein großes Wasserloch vorhanden, gar ein See oder Fluß in der Nähe, artet das Vollbad zu einer wahren Wasserschlacht aus, bei der die ganze Herde wie übermütige

Elegant und leichtfüßig.

Impalas (links außen) und Gerenuks (oben und links) gehören zu den anmutigsten Vertretern der Savannentiere. Wie von der Sehne geschnellt flüchten sie vor ihren Feinden und überspringen dabei bis zu zehn Meter lange und bis zu drei Meter hohe Hindernisse.

Schwergewichtige Pflanzenfresser zu Wasser und zu Land.

Flußpferde finden im seichten Wasser Schutz vor glühender Sonne (links). Ein Spitzmaulnashorn ruht im Savannengras (oben). Der Kuhreiher wird gern geduldet.

Durch ihre gigantische Größe haben sie keine natürlichen Feinde.

**Nashörner sind friedliche Savannenbewohner.
Ihr Horn hat eine magische Anziehungskraft auf Wilderer:
Es soll Zauberkräfte enthalten.**

Kinder durchs Wasser platscht. Um Wasser zu finden, wandern die Elefantenherden in einer Nacht bis zu achtzig Kilometer weit. Doch dann gehört ihnen das Wasserloch noch nicht allein. Löwen werden durch schrilles Trompeten gewarnt. Obwohl ausgewachsene Elefanten Löwen oder Leoparden nicht zu fürchten brauchen, beängstigt sie die Anwesenheit der Katzen doch. Überlegen dagegen treten die mächtigen Tiere den Bewohnern des Wasserlochs entge-

Krokodile sind keine Bestien. Sie beißen nur, wenn sie hungrig sind. Dann aber sehr kräftig.

gen, den Krokodilen. Es wird erzählt, daß ein Elefant, den ein Krokodil am Rüssel gepackt hatte, die Echse kurzerhand herauszog, gegen einen Baum schleuderte und schließlich in eine Astgabel hängte.

In der Savanne sind – besser gesagt waren! – die Krokodile überall dort zu Hause, wo Wasser ist. Besonders häufig am Nil und seinen Quellflüssen. Im schilfigen Ufer oder nur mit den Augen aus dem Wasser blinzelnd, warten sie geduldig auf Beute. Und wenn die durstigen Savannentiere gleich herdenwei-

Auch das ist Savanne: Jäger werden zu Gejagten.

Weidende Kaffernbüffel werden von einer Löwin angegriffen (links). Doch die hornbewehrte Beute setzt sich zur Wehr. Die Kaffernbüffel schlagen die Löwin in die Flucht (rechts). Kaffernbüffel sind äußerst wehrhafte Tiere. Ihre spitzen Hörner und die scharfen Hufe sind eine wirksame Waffe. Der starke Schädel der Bullen (unten) dient aber auch beim Kampf mit den Rivalen.

se heraneilen, ist ihnen reiche Beute gewiß. Denn das Krokodil ist trotz seines plumpen Aussehens ein geschickter Jäger. Es schnellt überraschend aus dem Wasser, und reißt mit einem gewaltigen Biß seine Beute zu Boden. Doch dann geht der Kampf erst richtig los: Das Tier wird mit einer Tonne Lebendgewicht unter Wasser gedrückt und ertränkt. Die mächtigen Kiefer halten es mit einem Druck von gut 13 Tonnen fest. Nicht selten sind es die ungewöhnlich starken Kaffernbüffel, die eine große Echse erfolgreich zur Strecke bringt.

Mit dem Tod des Büffels ist der Kampf für die Echse noch lange nicht zu Ende. Um den dicken Brocken in mundgerechte Stücke zu zerreißen, wird das tote Tier so lange um die Längsachse des Krokodils geschleudert, bis ein Stück abreißt. Mit dem nahrhaften »Ballast« versehen, geht das Echsentier auf Tauchstation. Für mindestens eine Woche gibt es etwas zu verdauen.

Besonders bemerkenswert ist die Brutpflege der Krokodile. Nachdem das Weibchen ca. 50 bis 100 Eier im Sand verscharrt hat, legt es sich neben dem Gelege auf Wache. Rund drei Monate bleibt es in der Nähe der Grube und verzichtet dabei fast auf jegliche Nahrung. Würden die Schuppentiere ihre Eier unbewacht lassen, wären diese eine sichere Beute von Pavianen, Waranen oder Mungos. Den Zeitpunkt des Schlüpfens kündigen die Krokodilkinder durch lautes Quaken an. Dann schaufelt die Mutter das metertiefe Gelege frei und hilft den Jungen aus der Haut der Eier. Dabei nimmt sie die Kleinen zwischen die spitzen Zähne ihrer Kiefern – so feinfühlig, daß den Babys keine Schuppe gekrümmt wird.

Ihre Haut machte sie begehrt. Krokodile waren lange Freiwild für die Handtaschenindustrie.

Erst mit 10 Jahren sind Krokodile geschlechtsreif. Wenn sie nicht Opfer menschlicher Eitelkeit werden, können sie 50 Jahre und älter werden.

Zu den Beutetieren des Krokodils zählt ein wasserbewohnendes Säugetier – das Flußpferd. Vor allem die jungen Nilpferde sind ein willkommenes Opfer für die gepanzerten Echsen. Flußpferde sind Vegetarier, zusammen mit den anderen Savannentieren weiden sie auf der Grassteppe – allerdings nur nachts. Den heißen Tag verdösen die riesigen Fleischkolosse in schlammigem Pfuhl oder im kühlen Wasser von Seen und Tümpeln.

Ebenso massig, aber ein reiner Landbewohner ist das Nashorn. Wegen seines gewaltigen Gewichts und seiner Kraft wird der harmlose Pflanzenfresser von Räubern gemieden. Es sei denn, das Nashorn hat ein wenige Tage altes Kind. Dann kann das Neugeborene schnell der Jagdtaktik von Hyänen oder Löwen zum Opfer fallen. Die Mutter unternimmt bei dieser Auseinandersetzung dramatische Abwehraktionen. Wenn sie auf die Angreifer zugaloppiert, bebt die Erde. Sie setzt bei der Rettung ihres Kindes ihr ganzes Körpergewicht ein, mehr um die Verfolger zu vertreiben als um sie zu töten. Sollten ihre Hörner jedoch einmal einen Jäger treffen, so gibt es keine Rettung mehr.

Verteidigung mit Gewicht und Horn: Gegen mehrere Löwen ist die Nashornmutter machtlos.

Geparden sind die schnellsten Jäger der Savanne. Auf ihrem Speisezettel stehen meist kleinere Tiere wie Hasen oder Gazellen. Im High-Speed-Tempo von über 130 Stundenkilometern jagt der Gepard seinem Opfer nach. Als einziger Vertreter der Katzen können Geparde ihre Krallen nicht einziehen. Wie Hunde laufen sie mit ausgestreckten Krallen über den Boden. Die hochbeinigen Tiere haben damit vor allem die Fähigkeit verloren, auf Bäume zu klettern. Geparde sind Einzelgänger. Selten erbeuten sie im Familienverbund Gazellen oder Gnus. Aber nicht selten werden dem angreifenden Gepard Gehörn oder Hufe der Wildrinder zum Verhängnis. Auch von seinen entfernten Verwandten, den Löwen und Leoparden wird der Gepard angegriffen. Siebzig Prozent der Jungtiere sterben, noch ehe sie den dritten Lebensmonat erreicht haben. Besonders die Hyänen stellen den wehrlosen Gepardenkindern nach. Doch auch Witterungsumstürze – kalte Winde, dezimieren die Population.

Der Gepard braucht ein riesiges Jagdrevier. Wo der Mensch auftaucht, flieht er. Ohne Wiederkehr.

Der Gepardenbestand gehört in der afrikanischen Savanne zu den gefährdetsten: Neben den 250 Geparden der Serengeti gibt es mindestens 3 000 Hyänen, 2 000 Löwen und 1 000 Leoparden. Doch auch ein anderer Grund hält die Anzahl der herrlich gefleckten Raubkatzen klein: Geparden brauchen wegen ihres sensiblen Einzellebens ein

In der Savanne leben nicht nur große Tiere.

Zwergmangusten tummeln sich auf einem Termitenhügel (oben). Vor der Mittagshitze sucht die Gruppe später Schutz im kühlen Inneren. Wächter (rechts oben) warnen vor Feinden. Mangusten, die hervorragend entwickelte Sinne besitzen, nehmen morgens gern ein Sonnenbad (rechts unten).

Pelikane leben in großen Scharen an den Seen.

Fischfang ist Teamwork. Pelikane sind gute Schwimmer – im flachen Wasser treiben sie die Fische zusammen (oben) und fangen sie tauchend mit den riesigen Schnäbeln (unten).

riesiges Jagdrevier. Anders als Löwe oder Leopard reagiert der Gepard zudem auf Begegnungen mit Menschen durch Verlassen des Territoriums. Schließlich wird noch ein weiterer Umstand der seltenen Großkatze zum Verhängnis: Das auffallend getupfte Fell ist von jeher unter den Eingeborenen eine Auszeichnung für Mut und Kraft gewesen. Doch inzwischen haben die Massai-Jäger die kostbaren Pelze an andere Träger weitergegeben: Weiße Damen, die sich einem so wehrhaften Tier in freier Natur nicht auf hundert Schritte nähern würden.

Die außergewöhnliche Zeichnung seines Felles hat auch ein anderes Tier bekannt gemacht: das Zebra. Doch es sind nicht seine Streifen, die ihm unter Zoologen Achtung eintrugen, sondern sein bemerkenswertes Sozialverhalten im Familienverbund. Anders als alle Tiere der Savanne lassen Zebras die schwachen und jungen Tiere nicht im Stich. Am Wasser gebührt ihnen sogar der Vortritt. Auf langen Märschen werden eigens für sie Pausen eingelegt. Geht ein Tier des Rudels auf der Flucht verloren oder hat es sich verirrt, gibt das Familienoberhaupt der Steppenzebras nicht eher Ruhe, bis er das verlorene Mitglied gefunden hat. Gerühmt wird auch der Opfermut des Leittiers. Wird eine der Stuten oder ein Fohlen von einem Löwen gerissen, versucht der Hengst unter Einsatz seines Lebens, den Jäger zu vertreiben. Dieses Hilfe-

Bislang unentdecktes Sozialverhalten: Zebras lassen den Kranken und Schwachen Vortritt an der Tränke.

leistungs-Verhalten ist bei den Steppen-Zebras einmalig. Eine Forschergruppe, die im Ngorongoro-Krater Zebras mit einem Betäubungsgewehr schoß, um sie zu kennzeichnen, erlebte, wie der Hengst die angeschossene Stute mit den Zähnen im Genick packte und dadurch zu stützen suchte. Ebenso sozial ist die Begrüßung: Stuten werden von Hengst und Fohlen begrüßt, während den Hengst die ganze Sippschaft umringt.

Die sozialen Kontakte des Steppen-Zebras gehen sogar über die eigene Familie hinaus. Während verschiedene Familien nebeneinander weiden, verlassen die Hengste oft Stuten und Fohlen, um dem Hengst der Nachbargruppe einen freundlichen Besuch

Wenn Antilopen, Gnus und Zebras sterben, kommen die Schakale. Die Knochen bleiben für die Geier.

abzustatten. Während die Grévy-Zebra-Hengste sich niemals einander freundlich nähern, beschnuppern sich die Steppen-Zebras ausgiebig und ohne aggressives Zurücklegen der Ohren. In der Serengeti wandern riesige Herden von Steppenzebras über die weite Graslandschaft. Diese Herden zeigen jedoch nicht das feinfühlige Sozialverhalten der kleinen Familiengruppen.

Wie bei keinem anderen Savannentier ist die Sterberate so hoch, wie beim Zebra: Durch Krankheiten, Raubtiere und Unfälle gehen allein in der Serengeti jährlich 100 000 Tiere zugrunde. Viele dieser Zebras werden von Hyänen, Löwen oder Leoparden gerissen. Die schaurigen Reste sind ein Fest für Schakale. Und nach ihnen laben sich die Geier. Einzig sie scheinen nicht zu sterben – noch nie haben Zoologen ihre Gebeine gefunden, geschweige denn einen der Vögel verenden sehen.

Selbst die Jäger sind nicht sicher vor Feinden.

Gepardenfamilie – ein seltener Anblick in der Serengeti (oben). Die tolpatschigen Jungen (rechts) müssen die schnelle Jagd auf Beute vom ersten Tag ihres Lebens an lernen. Dabei werden sie nicht selten selbst das Opfer des stärkeren Leoparden (links).

Der Regenbogenfrieden über der Savanne täuscht: Bald fliehen die großen Herden vor dem drohenden Gewitter.

Zurück bleiben wachsame, auf Tarnung bedachte Klippspringer (links), flinke Erdmännchen (links unten), die beim ersten Zucken der Blitze in ihre weitverzweigten Höhlen flüchten und wehrhafte Paviane (unten), die sich in großen Horden auf die Bäume zurückziehen. Paviane ernähren sich von Pflanzen, verschmähen jedoch nicht fleischliche Zwischenkost.

Für die einen eine grüne Hölle. Für die anderen eine letzte Bastion des schwarzen Kontinents: Der tropische Regenwald am Kongo.

Scheue

Menschenaffen. Nomaden im Urwald

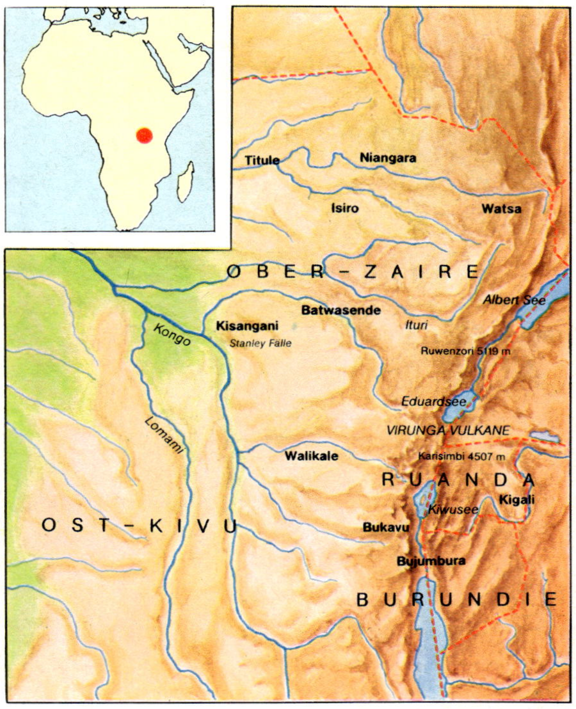

Das undurchdringliche Dickicht des afrikanischen Waldes steckt voller Geheimnisse.

Noch intakt, aber schon in Gefahr ist das zweitgrößte Urwaldgebiet der Erde. Die tropischen Regenwälder am Kongo sind der letzte Fluchtpunkt für viele Tiere – sozusagen ein natürliches Museum für längst vergangene Epochen. Und noch immer gibt es für die Wissenschaft weiße Flecken in der Landkarte von Fauna und Flora.

Tropische Regenwälder der gehören zu den beeindruckendsten Urwäldern unserer Erde. Täglich, fast auf die Minute genau, donnern Gewitter über die Baumriesen hinweg, von denen manche, vom Blitz getroffen, wie Streichhölzer bersten. Unberechenbar schwellen die großen Ströme an und überfluten die Ufer. Besonders in der Regenperiode präsentiert sich der Urwald des Kongo-Beckens als menschenfeindlich. Und die Bezeichnung »Treibhausklima« ist eher eine harmlose Beschreibung für die mörderische Hitze und ungewöhnlich hohe Luftfeuchtigkeit.

Der Kongo-Urwald ist das zweitgrößte zusammenhängende Urwaldgebiet der Erde. Es erstreckt sich von der afrikanischen Atlantikküste bis weit in den Osten an die Hänge des Mitumba-Gebirges. Der Urwald wird kaum von Straßen erschlossen, verglichen mit der dicht besiedelten Küstenregion.

Das auffälligste Merkmal des tropischen Regenwaldes ist sein vertikaler Aufbau: Etagenförmig gliedern sich die Vegetationsstufen über 60 Meter Höhe in mehrere Schichten. Jede dieser »Stratas« ist eine eigene Welt für sich. Tiere und Pflanzen der verschiedenen Stockwerke unterscheiden sich erheblich voneinander. Licht- und Klimaverhältnisse spielen die dafür entscheidende Rolle. Beim Besucher entsteht der Eindruck, daß in diesem unüberschaubaren Pflanzenmeer nur wenige Tiere leben. Das liegt vor allem an der erschwerten Beobachtungssituation. Im Dunkel des Waldes lassen sich verhältnismäßig kleine Urwaldtiere nur schwer ausmachen.

Die meisten Tiere des Urwalds, abgesehen von den wirbellosen Bodentieren, leben in einer Höhe von 10 bis 40

Undurchdringliches Pflanzengewirr. Kaum auszumachen, wer wen umschlingt. Oder zu Tode würgt.

Metern. So sind Mangaben, Meerkatzen und viele Reptilien ausgesprochene Baumbewohner. Es gibt im Kongo-Urwald sogar ein Huftier, das zum Baumbewohner wurde – den Baumschliefer, ein lebendes Fossil, das als Vorfahre von Elefant und Nashorn angesehen werden kann. Wohl hundert verschiedene Holzarten drängen sich im Kongo-Urwald auf einem Quadratkilometer zusammen. Wo die Urwaldriesen Licht hindurchlassen, entwickelt sich eine gespenstisch üppige Flora. Den Boden bedecken riesige Farne. Darüber erheben sich junge Bäume und Büsche, dicht bewachsen mit unzähligen Schlingpflanzen. Wo sie, übergroßen Schlangen gleich, bis hinauf in das Geäst der Bäume wuchern, entsteht ein Labyrinth armdicker Lianen, die entweder die mächtigen Stämme umklammern oder als lebende Gardinen herabhängen. Schmarotzerpflanzen besiedeln sowohl Lianen als Bäume und es ist kaum auszumachen, wer wen umschlingt, wer von wem lebt oder wer wen zu Tode umarmt.

Der afrikanische Regenwald ist ein Reservat ursprünglichen Lebens. Hierhin haben sich Tierarten – besonders Säugetiere – aus längst vergangenen Epochen zurückgezogen. Ihre Verwandten haben sich im Laufe von Jahrtausenden in anderen Gegenden längst zu anderen Tieren entwickelt. Zwerghirsch und Hirschferkel zählen zu diesen primitiven Säugetierformen. Mit ihren großen oberen Eckzähnen und ihren unterentwickelten Beinen sind

Im tiefen Dickicht des Kongodschungels haben sie ihr Revier.

Turnkünstler sind die grüngrauen Meerkatzen (rechts). Ihr Schwanz dient als fünfte Hand. Die Grünnattern (rechts außen) lauern nicht auf Beute, sondern bereiten ihre Paarung vor. Der Gorilla (unten) hat durch seine Intelligenz und Stärke keine Feinde.

sie auf einer Stufe steckengeblieben, wie sie bereits vor der Entstehung von Hirsch und Rind existierte.

Ein besonders lichtscheues Geschöpf ist das Okapi. Die hirschgroße Waldgiraffe, erst vor wenigen Jahrzehnten als Sensation des afrikanischen Urwaldes entdeckt, ähnelt verblüffend Urgiraffen des mittleren Tertiär. 30 Millionen Jahre konnte das Okapi dieses Aussehen wahren: hinten Zebra, vorn Giraffe und in der Mitte Esel – so, als sei der Natur im Kongowald die Entscheidung schwer gefallen.

Unter den Säugetieren hat die übermächtige Vegetation zwei Tiertypen entstehen lassen: Schlüpfer und Brecher. Während die zierlichen, kaum hasengroßen Waldantilopen zu der scheuen Form gehören, die durch kleinste Baumlücken schlüpft, zählen Zwergflußpferd und etliche Schweinearten zu den Brechern, die sich mit

Gorillas haben keine Feinde. Kraft und Intelligenz machen sie anderen Tieren überlegen.

Hilfe ihres Körpergewichts, das auf massigen kurzen Beinen ruht, einen Weg durchs Unterholz bahnen.

Die Existenz der menschenähnlichsten aller Affen, der Gorillas und Schimpansen führen Wissenschaftler ebenfalls auf die Schutzfunktion des dichten Waldes zurück.

Mein erster Besuch im afrikanischen Dschungel galt den Gorillas. Sie gehören zu den größten Tieren des Urwal-

des, die mit Ausnahme des Menschen keine Feinde haben. Etlichen Zoologen ist es inzwischen gelungen, das Leben der Gorillas aus nächster Nähe zu beobachten. Auch Bernhard Grzimek gehört zu den erfahrenen Gorilla-Kennern. Er erlebte einen einzigen Angriff von »Kasimir«, dem Boß einer 18köpfigen Familie. Grzimek machte trotz 20jähriger Arbeit mit Gorillas einen Fehler. Er hielt seine Filmkamera zu lange auf den großen Menschenaffen gerichtet. Der sonst friedfertige Gorilla-Mann fühlte sich durch das große »Auge« der Kamera bedroht. Er raste schreiend auf Grzimek zu und machte erst anderthalb Meter vor ihm ein Ausweichmanöver. Starr vor Schreck überstand Bernhard Grzimek den Angriff des wütenden fünf Zentner schweren Muskelprotzes. Hätte er die Flucht ergriffen, hätte das Tier unweigerlich zugebissen. Grzimeks Standvermögen entsprach den sozialen Gebräuchen der Gorillas, nach denen der Unterlegene fortläuft.

Der schwarze Menschenaffe ist friedlich. Er frißt kein Fleisch, sondern Früchte, Rinde und Schößlinge.

Gorillas sind Nomaden. Sie ziehen im Urwald von Futterplatz zu Futterplatz. Als reine Pflanzenverwerter fressen sie vornehmlich Blätter, Pflanzentriebe, Knospen, Mark und Rinde. Süße Baumfrüchte dagegen verschmäht der Gorilla – wohl weil er zu schwer für gewagte Kletterpartien ist. Fleisch frißt der Menschenaffe nur in Gefangenschaft.

In den Bergwäldern bin ich einmal völlig überraschend den Gorillas begegnet. Mein Filmteam fand ihre Spuren in einer verwilderten Bananenpflanzung. Als der Kameramann ein Blatt mit einem Haumesser abschlug, sah diese Bewegung ein in der Nähe verborgener Gorillamann. Wie ein Inferno brach sein furchterregendes Gebrüll und Getrommel über uns herein. Schwarzbraune Kolosse brachen von allen Seiten durchs Unterholz. Wir ergriffen von solcher Übermacht erschreckt die Flucht. Die ganze Herde hatte sich zwischen den Stauden und dem Elefantengras verborgen. Doch wir kamen glimpflich davon. Der Herdenführer hatte sich nur auf seine Hinterbeine gestellt, mit den Händen auf den Brustkasten getrommelt und uns beim Schreien drohend seinen Rachen und die scharfen Zähne gezeigt. Mit diesen psychologischen Waffen hoffte er uns zu vertreiben. Wie übrigens in den meisten Fällen handelte es sich auch hier um einen Scheinangriff.

Nie hat ein Gorilla – dem Filmungeheuer »King-Kong« gleich – ein Kräftemessen mit Menschen herausgefordert, nie den Versuch gemacht, eine weiße oder schwarze Frau zu rauben. Die Handlung des Films ist reine Phantasie!

Zwei Forscher haben das Leben der Gorillas mit hohem persönlichen Einsatz erkundet: Dian Fossey und George B. Schaller. Schaller schildert den großen Menschenaffen als friedliches

Schillernden Edelsteinen gleich schwirren Vögel durch die Blütenlandschaft der Lianen.

Bunte Farbtupfer auf der Suche nach süßem Nektar: Rotbrustglanzköpfchen (links), Schwarzkopf-Pirol (Mitte), seine Jungen fütternd (rechts oben) und Gelbbauchnektarvogel (rechts).

und entspanntes Tier, das mit sich und seiner Umwelt völlig zufrieden ist – vorausgesetzt, es wird in Ruhe gelassen. Dian Fossey verbrachte rund 2000 Stunden in einer Gorilla-Familie. Sie stellte fest, daß sich die Tiere untereinander in ihren Verhaltensweisen nur ähneln, nicht gleichen. Jede Gorilla-Mutter erzieht ihre Kinder anders; die eine Familie frißt gern Pflanzen, die von einer anderen Sippschaft verschmäht werden. Vorbild und Einfluß der alten

Schimpansen greifen Leoparden an, wenn ein Junges bedroht ist. Dabei werfen sie Knüppel.

Tiere schützen und erziehen die Jungen – es wird mehr gelehrt als vererbt.

Im geographisch gleichen Gebiet leben auch die Schimpansen. Sie sind kleiner und kletterfreudiger als die Gorillas. Auch sie gehören zur Gruppe der Menschenaffen. Allerdings unterscheiden sie sich in vielem von ihren großen Verwandten. Wie Gorillas sind auch sie hauptsächlich Pflanzenfresser, verzehren aber auch gern Insekten und in manchen Gegenden auch Fleisch von Säugetieren. Beim Fang von Insekten benutzen sie – ein Hinweis auf ihre hohe Intelligenz – Stöcke als Werkzeuge. Damit stochern sie in Termitenbauten oder Bienennestern herum. Bricht der Zweig oder behindern Blätter das Hantieren, besorgt sich der Schimpanse einen neuen Stock.

Anders als bei allen übrigen Tieren des Urwalds ist das Verhalten der Schimpansen gegenüber Feinden. Der Leopard gehört zu ihren ärgsten Verfolgern. Ist der erste Schreck beim Auftauchen des großen Jägers erst einmal verflogen, setzt das ganze Rudel zum Angriff an. Dieser Angriff wird besonders erbittert geführt, wenn der Leopard ein Schimpansenkind verfolgt oder gar schon erbeutet hat. Dabei greifen die Menschenaffen nicht selten zu

▷

Das lebensstrotzende Grün der unberührten Landschaft ist menschenfeindlich. Aber die Natur kämpft auch gegen sich selbst: Lianen haben die Urwaldriesen zu Tode gewürgt. Wenn die Stümpfe faulen und im Morast verwittern, ist auch ihr Leben dahin.

Sie leben auf schwankendem Boden – im Ufersumpf.

Auf der Suche nach Futter stakst der Löffler durchs seichte Wasser (oben). Das Smaragdhuhn zeigt hier die ganze Pracht seines metallisch schimmernden Federkleides (links). Majestätisch thront der Kronenkranich auf seinem Nest (rechts). Wenn er sich vom Brutgeschäft erhebt, schreitet er würdevoll einher – als hätte er Repräsentationspflichten zu erfüllen.

Knüppeln und schlagen damit auf die Raubkatze ein. Die Stöcke prasseln mit einer Aufschlaggeschwindigkeit von 90 Stundenkilometern auf den Leoparden. Dieses Verhalten wurde von Forschern bei Savannenschimpansen beobachtet, während die Tiere aus dem Urwald es bei einem drohenden Imponiergehabe bewenden ließen.

Während meiner Fahrt durch den afrikanischen Dschungel hatte ich überall Gelegenheit, auch noch andere Tiere zu beobachten. So entdeckten wir brütende Nashornvögel. Das Brutverhalten der großen tropischen Vögel ist auf der ganzen Welt einmalig. Solange das Weibchen die Eier bebrütet, wird es in einer Höhle eingemauert. Durch einen schmalen Spalt füttert das Männchen zunächst das Weibchen und später auch das Junge. Solange der Jungvogel nicht flügge ist, bleiben Mutter und Kind in dem freiwilligen Gefängnis. Während

Palmfruchtadler und Kongopfau – der tropische Regenwald verbirgt noch viele Geheimnisse.

des Brutgeschäfts hat das Weibchen die zum Fliegen notwendigen Schwungfedern verloren. Nashornvögel – es gibt 45 Arten mit Körperlängen bis zu 1,50 Metern haben ihren Namen wegen des hornartigen Aufsatzes auf dem Schnabel erhalten.

Beim Filmen der Fütterung von einer benachbarten Dattelpalme aus, machte ich Bekanntschaft mit einem anderen seltsamen Vogel der Tropen: Ein Palmfruchtadler besuchte unseren Baum, um von den süßen Früchten zu naschen. Dieser große Vogel ist zwar ein Greifvogel, ernährt sich jedoch ausschließlich von pflanzlicher Kost.

Im Ituri-Urwald konnte ich auch gleich drei Exemplare des legendären Kongopfaus beobachten. Dieses Tier wurde, so komisch das auch klingt, von einem Forscher auf dem Dachboden des belgischen Kolonialmuseums in Brüssel gefunden. Dort stand das ausgestopfte Tier, weil niemand wußte, welchem Land man es zuordnen sollte. Der Kongopfau ist sicher nicht die letzte Entdeckung, die Forscher im Kongo-Urwald machten. Die zoologische und botanische Landkarte hat besonders in den Tropen noch viele weiße Flecken. Sicher werden noch viele weitere sensationelle Funde und Beobachtungen folgen – vorausgesetzt, der tropische Regenwald bleibt in seiner jetzigen Größe weitgehend erhalten. Doch das bleibt ein Traum: Riesige Bulldozer und Bagger drücken unter der Bezeichnung »Infrastrukturmaßnahmen« einer Urlandschaft ihr häßliches Siegel auf. Wunden der Zivilisation. Sie heilen nie!

AME

RIKA

Ein Land, wie geschaffen für wilde Tiere. Ein Land, wo das Wasser so klar ist wie Kristall. Ein Land, das noch Weite und Wildnis genug hat. Für Bären und Luchse, Wölfe und Karibus.

Im Schatten

Weites Alaska.
des Mount McKinley

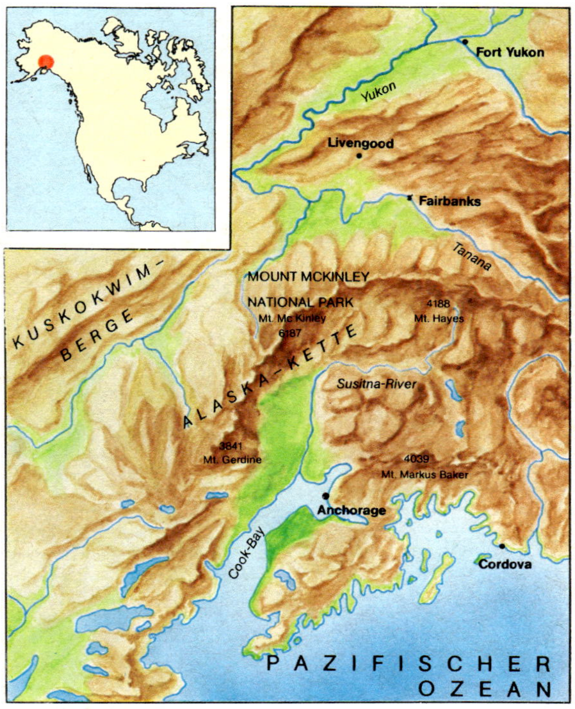

Der nördlichste Zipfel Amerikas – noch weitgehend unberührt von menschlicher Zivilisation.

Wo immer der Mensch an seine Grenzen stößt, ist die Natur noch im Gleichgewicht. Da darf der Bär soviel Lachse fangen, bis er satt ist, der Wolf soviele Karibus jagen, wie er will. Der Wald gehört noch dem Luchs und der Fluß Otter und Biber. Keine ganz heile Welt – aber eine schöne.

Alaska – das ist nicht nur der 49. und größte Bundesstaat der Vereinigten Staaten, das ist nicht nur ein ehemaliges Goldsucherparadies und ist nicht nur gleichbedeutend mit Eskimos, Erdöl, Eis und Schnee. Alaska ist vor allem ein gigantisches Naturwunder: Vulkane, Eismeer, über 6000 Meter hohe Berge, reißende Wildwasser, riesige Gletscher und eine ebenso beeindruckende Fauna und Flora. Zwar ist der Nordpol nicht fern, doch der von warmen Strömungen durchdriftete Pazifik macht ihm die arktische Kälte streitig – zumindest im Sommer. Dann hat Alaska das gleiche Klima wie Ostpreußen oder Skandinavien. Im Bereich des Yukon, dem größten Fluß des Polarkreislandes kann im Juli die Quecksilbersäule 40 Grad erreichen. Im Winter dagegen wird es bitter kalt. Dann ist es keine Seltenheit, wenn das Thermometer auf den gleichen Wert unter Null fällt. Der Frost regiert das Land neun Monate – und manchmal auch länger. Doch der sommerliche Rest ist warm genug, um die Wälder Refugien zurückerobern zu lassen, die einst durch eiszeitliche Gletscher verloren gingen.

Im Süden Alaskas ziehen sich regennasse Nadelwälder bis zum Pazifik hin. Sitka-Fichten und Hemlock-Tannen beherrschen das Bild. Weiter im Norden bis Yukon besteht der Wald aus Kiefern und Tannen.

Auf dem Boden wachsen Krähen- und Heidelbeeren, an Bächen blühen gelbe Veilchen und blaue Glockenblumen.

Das höchste Gebirge im Süden sind die Berge der Alaska-Kette. Sie erstrek-

Trutzburg im smaragdgrünen Wasser: der Biberbau. Der gestaute Fluß schützt die Nachkommen.

ken sich 1000 Kilometer weit quer durch das Land. Dieser riesige Gebirgszug besteht aus steilen Granitpyramiden. Er ist mit vielen Gletschern bedeckt und von schroffen Tälern durchzogen.

Der Mount McKinley ist mit seinen 6187 Metern der höchste Berg Nordamerikas, der dem wohl bedeutendsten und schönsten Nationalpark Nordamerikas den Namen gab. Himmelhoch steigen die Berge ringsum auf, tiefdunkle Wälder bedecken die Talböden, und rauschende Wasserfälle stürzen über Steilwände hinab. Glitzernde Gletscher, smaragdgrüne Seen, schäumende Wildbäche und phantastische Felsformationen sind die Kulissen eines wildromantischen Naturtheaters. Das Tierleben blieb hier so erhalten wie zu jenen Zeiten, als die ersten Weißen ins Land kamen. Elche und Wapiti, Braun- und Schwarzbären durchziehen die einsamen Wälder, Biber und Fischotter beleben die kristallklaren Seen.

Auf den Bergwiesen weiden weiße Dall-Schafe und Schneeziegen, Verwandte unserer Gemsen. Der kleine Pfeifhase und das langhaarige Murmeltier sind die Wächter in dieser kargen Gebirgsszenerie. Sie schlagen Alarm, wenn Wolf oder Vielfraß zu ihnen aufsteigen.

Kaum ein Tier der nordamerikanischen Wildbahn hat mich mehr fasziniert als der Biber, der zu den erstaunlichsten Tieren der Erde gehört. Er legt Kanäle an, errichtet Staudämme und ist ein unermüdlicher Holzfäller. Durch seine Tätigkeit verändert er das Gesicht ganzer Landschaften. Das alles tut der Biber vor allem für seine Sicherheit und für den Schutz seiner Nachkommenschaft. Weil der gute Schwimmer an Land recht unbeholfen ist, also leicht die Beute von Feinden werden kann, errichtet er seine Behausung meistens im Wasser. Zu diesem Zweck baut er eine halbkugelförmige Burg aus Ästen,

Lachszeit ist Bärenzeit. Einmal im Jahr.

Pünktlich in jedem Frühjahr kommen die Lachse (oben). Kein Wasserfall ist ihnen zu hoch, keine Strömung zu stark. Gewandt springen die Fische die Flüsse hinauf. Einzeln, in Gruppen, manchmal in endlosem Zug. Ein Festmahl für die Bären, die mit den Vorderpranken gekonnt die lang ersehnten Leckerbissen aus der feuchten Bahn angeln (rechts). Mitunter tun sie das gleich familienweise (unten).

Zweigen, Schilf und Schlamm. Das stattliche Bauwerk wird zwei bis vier Meter hoch und ebenso breit. Der Eingang liegt unter Wasser, aber eine Röhre führt in die über dem Wasserspiegel liegenden Wohnräume. Bei Hochwasser würden sie überschwemmt und bei Niedrigwasser bestünde die Gefahr, daß Luchs und Vielfraß den Eingang passieren. Deshalb sorgen Biber für einen immer gleichen Wasserstand. Dort wo der See einen Abfluß hat, bauen sie einen hölzernen Damm. Wenn nach starken Regenfällen die Wasserfläche steigt, wird eine »Schleuse« geöffnet, um das gewünschte Niveau wiederherzustellen. Das gleiche Resultat wird von den perfekten »Wasserbauingenieuren« durch Sperrung des Abflusses erzielt, wenn infolge anhaltender Trokkenheit der Wasserstand zu tief abgesunken ist.

Bevor der »weiße Mann« in die nordamerikanische Wildnis eindrang, lebten dort schätzungsweise 100 Millionen Biber. Verluste durch Raubtiere, vor allem Bären, Kojoten, Luchse, Vielfraße, Adler konnte das Bibervolk in seinem Bestand nicht beeinträchtigen. Die indianischen Jäger und Fallensteller erbeuteten nur, was sie für ihre eigenen Bedürfnisse brauchten. Aber für den weißen Trapper und Pelzhändler wurde der Biber bald zu einem Geschäft mit hohem Gewinn. Weite Teile Nordamerikas wurden auf der Suche nach Biberfellen erschlossen. Erst zu Beginn unseres Jahrhunderts stellten in Nordamerika strenge Gesetze den Biber unter Schutz.

In der nordamerikanischen Wildnis ziehen heute noch zahlreiche Bären durch die Einsamkeit dieser menschenleeren Gebiete. Die Farbe ihres Pelzes reicht vom tiefsten Schwarz bis zum gelblichen Weiß der Polarbären. Früher wurden sie deshalb in sehr viele Arten oder Unterarten eingeteilt. Während der letzten Jahrzehnte hat man jedoch erkannt, daß trotz augenfälliger Unterschiede nur drei Arten existieren: Die Schwarzbären, die Braunbären und die Eisbären, wobei der Name bei den Schwarz- und Braunbären keine Angabe ihrer wirklichen Färbung bedeutet. Es gibt Schwarzbären mit

Wenn der Lachs flußaufwärts schwimmt, kommen auch die Bären. Geschickt angeln sie den fetten Fisch.

Die Jagd im Wasser ist anstrengend und die glitschigen Fische sind schnell.

Wenn es um den Lachs geht, sind Bären nicht wasserscheu. Zwei Kilo Fisch im Fang, dafür lohnt sich das nasse Fell (links oben). Die Möwen warten auf den grätigen Abfall (oben). Etwa acht Lachse frißt ein Bär (links), bevor er sich satt zum Verdauungsschlaf zurückzieht.

blondem, zimtfarbenem und dunkelbraunem Fell.

Eine merkwürdige Besonderheit sind die Gletscherbären, deren Pelzfarbe im Sonnenlicht marineblau erscheint. Bisher hat man sie nur bei der Yakutabucht in Alaska gesehen. Die Braunbären weisen ähnliche Variationen auf. Auch der sogenannte Grizzly, der häufigste Bär in der Mount McKinley-Region ist ein Braunbär. Ebenso der gewaltige Kodiak, der bei einem Gewicht bis zu 1000 Kilogramm und einer Größe von 3,50 Metern die massige Erscheinung des ausgestorbenen Höhlenbären erreicht. Ich kenne keinen Platz in Alaska, wo man Braunbären in

▷

Wo zwei sich streiten, freuen sich die anderen. Die beiden Jungbären sind sich wegen eines fetten Fisches in den Pelz geraten. Zur Freude der Möwen, die sich jetzt sattfressen.

unberührter Wildnis so eindrucksvoll beobachten kann wie am McNeal River auf der Alaska-Halbinsel. Wenn im Juli die große Wanderung der Lachse flußaufwärts einsetzt, kommen die Bären zum Fischen an den Strom. Dabei bevorzugen sie die flachen Stellen nahe der Mündung.

Wir waren mit einem gecharterten Wasserflugzeug von Anchorage zum McNeil gekommen. Von zwei Bären-

In den Quellgebieten der Flüsse wird der Lachs geboren. Zum Laichen zieht es ihn dorthin zurück.

forschern begleitet, durchquerte ich bei Niedrigwasser den Strom, um ein besonders günstiges Beobachtungsgelände am jenseitigen Flußufer zu erreichen. Trotz des niedrigen Wasserstandes, der uns knapp bis zu den Knien reichte, war die Strömung sehr stark. Das Gepäck auf dem Rücken, hakten wir uns zu viert ein, um in dem reissenden Fluß besseren Halt zu haben. Mich begleitete Dick Zinsman, ein bärenstarker Naturfreund aus Anchorage, der

Wenn die Bärin ihre Jungen in Gefahr glaubt, setzt es nicht nur Hiebe.

Vor den Augen ihrer Kinder verteidigt die Bärenmutter ihre Fischgründe. In solcher Situation nimmt sie es auch mit stärkeren Männchen auf (links oben). Beim spielerischen Kampf mit den eigenen Kindern ist das Muttertier dagegen sanft wie ein Lamm (oben). Stolz präsentiert ein Jungbär seinen ersten Fang (links).

das Bärengebiet aus mehreren Besuchen bestens kannte. Als Vorsichtsmaßnahme gegen unliebsame Zwischenfälle mit Bären empfahl Dick, möglichst laut zu singen. Die Tiere halten nach einer üppigen Mahlzeit stets einen Verdauungsschlaf, häufig in der Buschzone nahe beim Wasser. Werden sie dann plötzlich aufgeschreckt, vermuten sie eine ernste Gefahr. Vor allem Muttertiere, die Kleinkinder bei sich haben, reagieren dann besonders heftig. Normalerweise greifen Bären den Menschen nicht an, es sei denn, er wird von ihm in die Enge getrieben.

Die Landschaft hat Tundracharakter. Nur zwischen verstreuten Felsblöcken wachsen niedrige Weiden und Birken. Allenthalben sahen wir tief ausgetretene Bären-Wechsel. Auf unserem anderthalbstündigen Marsch begegneten wir jedoch keinem einzigen Bären und erreichten die Stromschnellen ohne Zwischenfall. Dort bot sich ein idealer Ansitz. Am Ufer befand sich eine etwa vier Meter hohe Felsplatte und darauf lagerten brusthoch aufgetürmte Steinbrocken. Hier konnten wir die Kameras aufbauen und hantieren, ohne von den Bären überrascht zu werden. Der Blick von unserem Felsbalkon reichte kilometerweit den Fluß hinauf und hinab. Ein unbeschreibliches Panorama: Hochragende, zum Teil schneebedeckte Berge im Hintergrund, die Waldgrenze im Süden, die hügelige Tundra im Norden. Vor uns der gurgelnde, schäumende McNeil River mit all seinen Klippen, Felsterrassen, Engpässen und rauschenden Wasserfällen. Rosafarbene Lachse in riesigen Mengen wanderten vom Pazifik zu den Laichplätzen im Oberlauf des Stroms. Dort waren sie selbst aus den Eiern geschlüpft, dort zog es sie jetzt unwiderstehlich wieder hin, um ihrerseits Nachkommenschaft zu erzeugen.

Den Fluß hatten sie seit ihrer frühesten Jugend nicht mehr passiert, sondern im Salzwasser des Meeres gelebt.

Junge Lachse brauchen kaltes klares Wasser. Nach ein bis drei Jahren wandern sie ins Meer.

Dennoch meistern sie alle Hindernisse des Weges, überspringen mit größter Kraftanstrengung die Felsbarrieren und kämpfen sich in dichten Schwärmen durch die engen Passagen. Sind sie endlich am Ziel, haben die Weibchen ihren Laich abgelegt, und die männlichen Fische ihn befruchtet, sterben die meisten Fische durch Erschöpfung. Der Zyklus ihres Lebens ist hiermit erfüllt.

Meine kühnsten Erwartungen wurden bei weitem übertroffen: Plötzlich standen Alaska-Braunbären dicht unter uns. Einige standen auf Felsblöcken in den Stromschnellen, andere im flachen Wasser der Uferbuchten. Auch ohne Fernglas konnte ich jede Einzelheit ihrer Fangmethoden beobachten: Bären warten mit gespannter Aufmerksamkeit, bis ihnen ein Lachs vor die Tatzen schwimmt oder beim Überwinden der Hindernisse an ihrem Kopf vorüberspringt. Der Bär tötet seine schuppige Beute nicht mit den Pranken, sondern packt den Fisch mit den Zähnen, beißt kräftig zu und stellt erst dann eine oder

▷

Die Alaska-Tundra verfärbt sich, wenn die Tage wieder kürzer werden. Noch wenige Wochen und die Stürme bringen vom Pazifik eiskalten Regen herüber. Dann ist der fast unendliche Winter nicht mehr fern.

Wunderbare Tierwelt Alaskas.

Das Karibu befindet sich stets auf Wanderschaft. Es rastet nur, um zu schlafen (oben links). Wie ein Verschlagener aus den Tropen glänzt der Berghüttensänger (links außen). Die Kitze der Dickhornschafe sind schon gewandte Kletterer (links). Auch der Schneeziege und ihrem Lamm ist kein Gipfel zu hoch (oben). Haselhühner haben hier ebenfalls ihr Revier (rechts außen).

beide Vordertatzen darauf. Sonst könnte ihm der meist noch zappelnde Fisch wieder entkommen. Die Menge der möglichen Beute ist für viele Wochen unerschöpflich. Gegen Ende der Lachs-Laichzeit ist der Bär dann so fett, daß er den langen Winterschlaf mühelos überstehen kann.

Eine Bärenmutter zieht mit ihren beiden verspielten Jungen aus dem Weidengestrüpp heran. Während die Kleinen am Ufer zurückbleiben, springt die Mutter platschend in den

Der Weißkopfseeadler ist das Opfer von Umweltgiften. Nur in Alaska kann er ungefährdet leben.

Fluß. Schon bald kommt sie mit einem schweren Lachs zurück, den ihr die beiden Bärenkinder temperamentvoll entreißen. Erst fressen sie gemeinsam von dem fetten Fisch, dann kommt es zum Streit um die besten Stücke. Die rauflustigen Jungen stellen sich auf die Hinterbeine und eines gibt dem anderen kräftige Ohrfeigen. Das geht so lange, bis die Mutter mit einem zweiten Lachs erscheint und ihn zwischen den Kindern fallen läßt. Damit ist der Friede wiederhergestellt, denn nun hat jedes Kind seine eigene Beute.

Manche Bären zeigen beim Lachsfang besonderes Talent und besondere Erfahrung, während andere oft viele Anstrengungen unternehmen müssen, bis sie endlich einen Lachs zwischen den Zähnen haben. Manche Bären sind von dem überaus reichen Angebot so verwöhnt, daß sie von den laichschweren Weibchen nur noch die Eier schlekken, den Rogen.

Was die verschwenderischen Bären übriglassen, holen sich die Silbermöwen und die Weißkopfseeadler. Jedes Kind in Amerika kennt diesen Adler, denn er schmückt das Staatswappen der Vereinigten Staaten. Während der stattliche Greifvogel in dieser ursprünglichen Wildnis keineswegs gefährdet erscheint, scheint er in den meisten anderen Teilen seines Verbreitungsgebietes vom Aussterben bedroht. Er steht am Ende einer Nahrungskette, bei der die angehäuften Giftstoffe, die vom Menschen als Herbizide oder Pestizide über Wald und Flur geschüttet werden, zu drastischen Auswirkungen führen. Der Weißkopfseeadler lebt von Fischen und Wasservögeln, die sich wiederum von Plankton und anderen Kleinlebewesen ernähren. In ihnen werden unverbrauchte Gifte abgelagert, die nach starken Regenfällen von Wald und Flur in die Gewässer getragen werden. Die Kleinlebewesen werden von kleinen Fischen verzehrt, von denen wiederum größere Fische leben; hinzu kommen Wasservögel, die sich ebenfalls an der Fischjagd beteiligen und gleichfalls zu den Beutetieren des Seeadlers gehören. Als Nahrungsendkette sammeln sich im Körper des Weißkopfseeadlers eine

Eine Welt im natürlichen Gleichgewicht.

Faszinierender Jäger in der menschenleeren Weite: der Wolf (rechts). Er jagt und lebt im Rudel. Dickhornschafe gehören zu seiner Beute (unten). Gletscherlilien (unten rechts) zählen zu den schönsten Pflanzen der Rocky Mountains.

Fülle von Schadstoffen, die dazu führen, daß die Vögel dünnschalige Eier legen, die beim Brüten zerdrückt werden oder Embryonen produzieren, die nicht lebensfähig sind.

Dieses Schicksal war das Alarmzeichen für viele Länder, den Giftgehalt in Nahrungsmitteln und der Umwelt drastisch zu senken. Bestimmte Gifte z. B. das DDT und andere chlorierte Kohlen-Wasserstoffe wurden verboten.

Die paradiesische Wildnis am McNeil River bescherte uns eine ganz besondere Überraschung: Wie aus Stein gemeißelt, steht plötzlich eine große, hellgraue Wölfin am Fluß und starrt gespannt auf den Zug der Lachse. Wölfe gehören zu den gescheitesten, aber auch scheusten Tieren der Wildnis. Ihr Gehör- und Geruchssinn sind so hervorragend entwickelt, daß es sehr schwer ist, sie am Tage beim Beutefang aus der Nähe zu beobachten oder gar im Film festzuhalten. Weil unser Ansitz über dem Wind liegt, und vom Rauschen des McNeil das surrende Geräusch der Kameras verschluckt wird, gelingt uns trotzdem die Aufnahme. Die Wölfin schreitet erst zögernd, dann mit raschem Entschluß ins strudelnde Wasser. Dreimal schnappt sie vergeblich nach einem vorbeiziehendem Lachs. Beim vierten Zuspringen hat die Wölfin Glück. Ein meterlanger Fisch zappelt zwischen ihren Zähnen. In gestrecktem Lauf eilt sie davon. Vermutlich zu ihrem Bau in der Tundra, wo ihre hungrigen Kinder auf Nahrung warten.

Walrosse trompeten über das Eismeer. Ihre Elfenbeinzähne machten sie zur begehrten Beute.

Am meisten hatte ich mich auf eine Begegnung mit dem »König der arktischen Wildnis«, dem Eisbär, gefreut. Man muß heute schon viel Glück haben, diese herrlichen Geschöpfe in freier Natur zu beobachten, nachdem ihnen zu lange unkontrolliert und hemmungslos nachgestellt wurde. Erst Mitte Juli war das Eis soweit zurückgegangen, daß die Eskimos in einer kleinen Siedlung südlich von Point Barrow bereit waren, mit ihrem seetüchtigen Fahrzeug zu einer ersten Expedition aufzubrechen. Sie führte uns nicht nur zu den weißen Bären, sondern auch zu den anderen Großtieren des arktischen Meeres und Eises. Nach einer Stunde Fahrt zeigt Tom, unser Schiffsführer, weit nach vorn und ruft »Beluge«. Ich sehe durchs Glas und erkenne in der Ferne drei mir bislang unbekannte Meeressäugetiere. Es sind die Weißen Wale der Arktis. Sie gehören nicht zu den Giganten unter den Walen, sie werden nur vier bis fünf Meter lang. Es

Wenn die Wintersonne nicht aufgeht, leuchtet das Polarlicht.

Mit dem Sonnenwind dringen Sonnenteilchen in das Kraftfeld der Erde. Nur oberhalb des Polarkreises beginnen sie ihr wundersames Leuchten.

Gigantische Eiskaskaden zieren den Columbia-Gletscher.

Ewiges Eis auf ewiger Wanderung. Wenn der Gletscher kalbt, fallen seine »Kinder« als Eisberge ins Wasser. Mit dem Meer driften sie davon.

kommt Nebel auf, die graue Küste ist gerade noch zu sehen. Spukhaft ziehen Schwärme von Lummen und Alken über unsere Köpfe. Da hören wir ein unheimliches Bellen, Trompeten und Schnarchen, das mich entfernt an die Lautäußerungen von Flußpferden und Elefanten erinnert. Erst im Fernglas erkenne ich einen Trupp von etwa zehn Walrossen, die in kurzem Abstand zwischen Schiff und Strand vorbeischwimmen. Die Bewegungen der Kolosse erscheinen im Wasser von faszinierender Eleganz und die mächtigen Leiber wirken fast schwerelos. Eine halbe Stunde später hat das Sonnenlicht die

Walroßbullen sind sehr wehrhaft. Mit den Elfenbein-Zähnen brechen sie Muscheln von den Felsen.

letzten Nebelschwaden verdrängt. Wir folgen den Walrossen und haben bald ihren Rastplatz entdeckt. Es sind über 200 Tiere in phantastischer Szenerie. Sie ruhen in einer hufeisenförmigen Meeresbucht, deren glatte Felsterrassen vom tintenblauen Eismeerwasser landeinwärts mit den massigen Leibern der Walrosse bedeckt sind. Wir schleichen uns an. Gegen Geräusche sind Walrosse ganz unempfindlich, denn die Bucht ist erfüllt von den lauten Trompetenrufen der riesigen Robben. Dicht vor mir steigt ein massiger Bulle gerade an Land, und ich filme aus nächster Nähe, wie schwerfällig sich der Koloß vorwärts wuchtet. Um seinen tonnenschweren Körper über die Uferfelsen zu bewegen, muß er seine mächtigen Stoßzähne zu Hilfe nehmen. Dann klettert dicht vor uns eine Walroßmutter mit ihrem Baby an Land. Es ist rührend anzuschauen, wie zart und schonend sie das Kleine voranschiebt, um ihm beim Landgang zu helfen. Bis zu zwei Jahren lebt das Jungtier vorwiegend von Muttermilch, dann taucht es selbständig zu

Eisbären sind größer als andere Bären. Nur so können sie die arktische Kälte ertragen. Ohne Schaden.

den Muschelbänken, die die Hauptnahrung der Walrosse bieten, und die sie mit Hilfe der Elfenbeinstoßzähne von den Felsen brechen.

Es ist die Zeit der Mitternachtssonne. 24 Stunden Licht bereiten jedem Fremden Probleme mit dem Schlafen. Ich gehöre jedenfalls zu denen, die selten vor zwei Uhr früh einschlafen können und selbst die Eskimokinder gehen kaum vor zwei, drei Uhr früh ins Bett. Ich liege im ersten festen Schlaf, als

Acht Monate dauert der Winter. Eine harte Zeit für die Tierwelt.

Auch im hohen Schnee ist der Elch ein ruheloser Wanderer. Er zieht von einem Futterplatz zum anderen (oben). Die Schneeziege schützt ein zottiges, dichtes, reinweißes Fell vor der grimmigen Kälte (rechts außen). Schnell gefriert auch die Beute des Luchses zu einem steinharten Vorrat (rechts).

mich Tom unser Schiffsführer schüttelt und »Nanuk« ruft. Ich weiß schon längst, daß mit diesem Wort der Eisbär gemeint ist. Als rastloser Wanderer lebt er nicht an bestimmten Plätzen, sondern man muß schon großes Glück haben, ihm irgendwo im unendlichen Eismeerraum zu begegnen. Einst hatten diese eindrucksvollen Bären, die bis zu 2,80 Meter lang und 1,50 Meter hoch werden, nur die Eskimos als Feinde. Sie bejagten den »Nanuk« nur mit dem Speer, nachdem ihn ihre Hunde umstellt hatten. Die Begegnung war für Mensch und Hunde eine gefährliche Angelegenheit, aber ein weißes Bärenfell wurde schon damals hoch bezahlt und das Fleisch war und ist heute noch eine Delikatesse. Neuerdings schützen strenge Gesetze den Eisbären.

Kaum ein anderes Meer bietet so viele Überraschungen wie die Beringsee, zwischen Alaska und Sibirien. Durch das Zusammenwirken von Japanstrom, Pazifik und Eismeer gehört die Beringsee zu den nebelreichsten Gebieten der Erde. Dieses Nebelreich ist der bevorzugte Lebensraum von zwei Tieren, die mit einem besonders dichten und wertvollen Pelz ausgestattet sind, und deshalb lange rücksichtslos, ja, bis an den Rand der Ausrottung verfolgt wurden.

Weit hallt das Geheul der Wölfe durch die verschneite Gebirgswelt.

Der kalte Winter trifft auch die Wölfe. Im tiefen Schnee ist die Jagd schwieriger. Fast jeden Abend rüstet sich das Rudel zur kilometerweiten Hatz durch die Wildnis.

Faszinierend und beängstigend zugleich: In schier unendliche Tiefen stürzen die schroffen Felsen der Großen Schlucht. Eine einmalige Dokumentation der Urgewalten.

Paradiesisches Lebe

Grand Canyon.
n und tödliche Dürre

Ein Fluß schuf sich sein Bett.

Bis zu dreißig Kilometer breit und 1500 Meter tief: ein in die Erde gesägtes Gebirge. Am Nordrand gemäßigtes Höhenklima, im Süden Wüste und in der Tiefe tödliche Hitze. Extreme Lebensbereiche für Tiere und Pflanzen, aber auch ein Reservat für Puma, Luchs und Klapperschlange.

Seit 1492 gibt es sie – die neue Welt. Die Spanier haben sie einst entdeckt, diese Wunderwelt, die ausschließlich zur Befriedigung der unersättlichen Gier nach Besitz und Reichtum da zu sein schien. Gold – dieses Zauberwort vor Augen, kämpften sich spanische Soldaten durch die Wüste des heutigen Arizonas. Bis sich plötzlich, mitten in einer unendlich scheinenden steinigen Ebene, ein Abgrund auftat: der Grand Canyon.

Bei einem Ausflug in den Grand Canyon erhält der Besucher eine Lektion in Geologie. Felsenmauern bohren sich 1200 bis 1500 Meter in die Tiefe und säumen den Colorado auf einer Länge von 450 Kilometern. Zwischen sechs und 30 Kilometer Luftlinie liegen zwischen dem Süd- und Nordrand. Der Grand Canyon ist wie ein Gebirge, das nicht in die Höhe ragt, sondern sich in die Tiefe der Erde bohrt. Das stellt das Weltbild des Menschen auf den Kopf.

Wie konnte dieses Wunder der Natur entstehen? Eine glaubwürdige Theorie besagt: das gesamte Colorado-Plateau, die riesige Ebene im Südwesten der Vereinigten Staaten, hat sich vor 50 Millionen Jahren gehoben. Doch erst vor etwa zehn Millionen Jahren fing der Colorado an, sein Bett in die Felsen zu graben. Durch die Kraft des Wassers und des mitgetragenen Gerölls ist die Freilegung von 12 Schichten verschiedenen Gesteins zu erklären. Zwei Milliarden Jahre Erdgeschichte offenbaren sich bei einem Blick in die Tiefe der Schlucht. Sieht man den Colorado zu Trockenzeiten gemächlich dahinströmen, scheint es unvorstellbar, wie er eine eineinhalb

Die Coloradofelsen verändern ihre Farbe – je nach Einfall des Lichts. Ein steinernes Wunder.

Kilometer tiefe Schlucht graben konnte. Eine Vorstellung seiner Macht offenbart er aber, wenn er Hochwasser führt. Dann tosen mit unglaublicher Wucht die Wassermassen durchs Tal.

Die Felsen, die er freilegte, bieten ein grandioses Form- und Farbenspiel. Kegel, Säulen und Zinnen leuchten – je nach Lichteinfall – gold, orange, rot, violett, blau oder grün – ein Farbenmeer, das sich von Minute zu Minute ändert.

Überwältigt von diesem steinernen Wunder könnte man fast vergessen, daß die Natur hier auch lebendig ist, daß es Pflanzen und Tiere gibt, und zwar in einer Vielfalt, die man beim Anblick des Felsenmeeres kaum vermuten würde.

Dabei zeigt sich ein markanter Unterschied zwischen dem Süd- und dem Nordrand des Canyons, der wie eine klimatologische Barriere wirkt. Steigt man vom Nordrand in den Canyon hinab, kommt das einer Klima-Reise von Zentralkanada bis zur mexikanischen Küste gleich.

Der Nordrand mit dem dahinter liegenden Kaibab-Plateau liegt dreihundert Meter höher als der Südrand mit dem Coconino-Plateau. Er weist typisch montane Vegetation auf: Wälder aus Espen und Stechfichten, Goldzahn-Ahorn und Douglas-Tannen mit dichtem Unterholz. Dieses Waldgebiet hinter dem nördlichen Canyon-Rand beheimatet eine Vielzahl von Klein- und Großtieren. Das Kaibab-Eichhörnchen ist der einzig nachgewiesene Tiervertreter, der aufgrund der Canyon-Barriere eine Unterart bildete. Dieses Eichhörnchen ist nur auf wenigen hundert Quadratkilometern des Kaibab-Plateaus zu finden.

In den zwanziger Jahren erlitt das Nordplateau eine empfindliche Vegetationsstörung. Damals wurden die Raubtiere des Canyons – Puma, Luchs, Coyote und Fuchs – zum Abschuß freigegeben, so daß vor allem ein Beutetier des Pumas, der Maultierhirsch, sich massenhaft vermehren konnte. Die Folge sind ausgedehnte Waldschäden, die bis heute nicht behoben sind. Aller-

Noch vor einhundertfünfzig Jahren lebten sie auch in der Prärie.

Auf der Flucht vor der Landwirtschaft haben sich Schweifwaldhuhn (rechts) und Puma – auch Silberlöwe genannt (rechts außen), in die unwegsamen Canyons zurückgezogen. Bei der Balz imponiert der Wermuthahn (unten und rechts unten) mit aufgeplustertem Nackengefieder und fächerförmig aufgestelltem Schwanz.

dings sorgen jetzt Wildhüter für einen ausgeglichenen Raubtierbestand.

Der König des Canyons ist der Puma, auch Silberlöwe genannt. Diese schnurrende Raubkatze findet hier reiche Beute. Sie ist allerdings auch kein Feinschmecker. Sind weder Hirsch, Hase, Skunk noch Stachelschwein zu erjagen, gibt sich der Puma auch mit Ratten und Mäusen zufrieden. Wenn eine Beute für eine Mahlzeit zu groß ist, versteckt sie der Puma und nach drei, vier Tagen – öfter jagt er gar nicht – ist der Tisch nochmals gedeckt. Der Puma vergreift sich auch an Weidevieh, aber seine Vorliebe für Menschen ist ein übles Gerücht. Der Silberlöwe ist scheu und zieht sich bei Gefahr auf Baumwipfel zurück. In jedem Fall geht er dem Menschen aus dem Weg. Sein Fell ist wegen seiner Strapazierfähigkeit sehr beliebt. Nur bei den Jungtieren ist der flauschige Pelz mit schwarzen Flecken übersät. Im menschenleeren Canyon und dem dünn besiedelten Umland findet der Puma einen gesicherten Lebensraum.

Eher ein Jagdgefährte als ein Konkurrent für den Puma ist der Rotluchs. Die große Beute kann der Luchs, der nur ein Zehntel des Puma-Gewichts erreicht, dem großen Canyon-Jäger nicht abspenstig machen. Seine Nahrung besteht aus Eichhörnchen, Ratten und Mäusen.

Die gleichen Beutetiere wie der Rot-

Mit der Besiedlung des Goldenen Westens wurden sie zu vogelfreien Feinden erklärt.

Unendliche Herden des gewaltigen Bisons (links) sind bis auf einen kleinen Rest zusammengeschossen worden. Auch der Präriehund (rechts), der zur Familie der Erdhörnchen gehört, wurde gnadenlos verfolgt, weil sein Weideland für die Rinder herhalten mußte. Präriehunde sind oft die Beute des Coyoten (oben), des Präriewolfs, der sich trotz seiner Unbeliebtheit erfolgreich behaupten konnte. Vielleicht weil er als Einzelgänger lebt.

luchs jagt der Fleckenskunk. Von der Ferne bietet der schwarz-weiße Marder mit seinem buschigen Schweif einen possierlichen Anblick. Doch gerät das Stinktier in Gefahr, macht es seinem Namen alle Ehre. Aus der Afterdrüse versprüht er ein übelriechendes Sekret – perfekt gezielt – das dem Getroffenen wochenlang anhaftet.

Ein typischer Bewohner des nördlichen Canyon-Randes ist das Baumstachelschwein. Mit einem Schwein hat das Nagetier allerdings wenig gemein. Der Baumstachler ernährt sich von Rinden, Zweigen und Jungtrieben der Nadelholzbäume, wo sich der geschickte Kletterer nachts sein Futter sucht. Er ist für Beutegreifer fast gefährlicher als diese für ihn. Bei Gefahr stellt er seine zigtausend Stacheln, die ihn doppelt so groß erscheinen lassen als er tatsächlich ist. Sie verursachen schmerzhafte Entzündungen, wenn sie unter die Haut dringen.

Der Puma ist der König des Canyons. Er jagt die Maultierhirsche. Aber er frißt auch Ratten.

In den Felsspalten der Schluchthänge setzen Felsrose, Bergmahagoni und Zwergeiche dem Stein grüne Tupfer auf. Über dem Canyongrund flimmert windstille Hitze. Es kann vorkommen, daß zwischen Nordrand und Canyon-Boden ein Temperaturunterschied bis zu 20 Grad herrscht. Hier fällt kaum Niederschlag. Wenn es am Canyon-Rand schneit, verirrt sich keine Flocke auf den Grund. Der Schnee schmilzt und verdunstet unterwegs. In diesem Wüstenklima finden sich dornige Büsche, rosa blühende Tamariskensträucher und lebende »Fossilien« wie die Arizona-Walnuß und der kleinblättrige Maulbeerbaum. Der Kerzenstrauch reckt seine dünnen bizarren Zweige in die Höhe, und Malven blühen in verschwenderischer Pracht.

Auf dem Canyon-Grund findet sich nur eine Fauna zurecht, die geringe Nahrungsansprüche stellt und vor allem mit wenig Wasser auskommt. Man findet hier die 50 Zentimeter lange Gila-Krustenechse, eine der beiden giftigen Eidechsen unserer Welt, daher wohl der Name »Gila Monster«. Zwei Giftzähne sitzen im Unterkiefer, die allerdings nicht als Jagdwaffe benutzt werden, da sie sich vor allem von Vogeleiern ernährt. Nur manchmal wird ein selbstverteidigender Biß notwendig, der üble Folgen haben kann. Für große Lebewesen ist er zwar nicht lebensbedrohend, führt aber zu Bewegungs- und Gedächtnis-Störungen. Ihre Wasserversorgung regelt die schwarzgelbe Echse mit einem Fettspeicher im

Verschiedene Welten in einer einzigen Schlucht.

Ein Abstieg vom Rand des Grand Canyon (rechts außen) zum Colorado-River hinunter ist gleichbedeutend mit einer Reise von Zentralkanada zur mexikanischen Küste – eine Strecke von fast 5000 Kilometern. Im Tal schneit es fast nie, und während unten am Fluß schon die Blumen blühen, herrscht oben an den Rändern noch tiefer Winter – mit Schneehöhen bis zu dreieinhalb Metern.

Schwanz. Dieses Fett-Depot wirkt wie der Höcker eines Kamels. Während ihrer periodischen Trockenruhe zehrt die Gila-Echse von dieser Vorratskammer.

Die Känguruh-Ratte gehört zu den Beutetieren, denen die Canyon-Räuber nachts nachstellen. Diese Taschenspringer-Maus fällt durch die kuriose Figur auf: ein Schwanz mit Quaste, der länger ist als die ganze Maus, kräftige sprungstarke Hinterbeine mit großen Pfoten, verkümmerte Vorderpfoten. Bekannt ist die 15 Zentimeter kleine Maus aber vor allem wegen ihres enormen Mutes bei der Selbstverteidigung.

Die »brüllende« Maus schlägt Salto und Purzelbaum. Doch das rettet meist nicht ihr kurzes Leben.

Bei Angriffen schlägt sie tollkühne Salti und springt wie ein Derwisch durch die Luft.

Zwischen Canyon-Grund und Südrand ist der Klima-Unterschied nicht so gravierend wie zum Nordrand. So sind die Grenzen der Pflanzen- und Tierpopulationen fließend. Auf dürrem trokkenen Boden wächst eine typische Steppenvegetation: Kiefern, Wacholder, Kakteen und immergrüne Sträucher, die alle die Luft mit feinen Düften erfüllen. Besonders die Gelbkiefer strömt den intensiven Duft von Vanille

Auf seine Fährte trifft man in allen Zonen des Grand Canyon.

Der Puma oder Berglöwe, der so groß ist wie ein Leopard, jagt Hirsche und andere Pflanzenfresser.

aus. Die charakteristischen Pflanzen der Wüste Arizonas stehen am Rande des Canyons: Kaktus, Agave und Yucca, auch Palmlilie genannt. Agaven klammern sich an die Steilhänge unmittelbar unterhalb des Randes und recken meterhohe gelbe Blütenkandelaber in den Himmel. Dieses Blütenwunder raubt der Pflanze alle Kraft. Kurz nach

Der Rennkuckuck frißt Klapperschlangen. Die rasselige Beute hängt ihm oft zum Hals heraus.

der vollen Blüte stirbt sie. Die Palmlilie, als schönste Vertreterin die Yucca baccata, bringt zwischen ihren dicken schwertähnlichen Blättern wunderschöne weiße Blüten hervor.

Auf dem Coconino-Plateau findet der volkstümlichste Vogel Amerikas genug Platz für seine Spaziergänge – der Road-Runner. Langbeinig, struppig und krummschnäbelig – eine Schönheit ist der krähengroße Vogel nicht. Road-Runner nennen die Amerikaner den Bodenkuckuck deswegen, weil er mit hoher Geschwindigkeit auf der Erde dahinrennt. Er kann fliegen – wenn auch nicht gut – doch er zieht die Bodenbenutzung vor. Seine Beliebtheit verdankt der Vogel neben dem originellen Aussehen seinem ungewöhnlichen Mut. Unerschrocken wagt er sich an die dicksten Schlangen heran, tötet sie blitzschnell durch Schnabelhiebe und verschlingt die Beute. Die Sache hat einen kleinen Schönheitsfehler – die Schlangen sind oft zu lang für den Road-Runner. So baumelt manchmal eine halbe Schlange wie eine enorme Zunge aus dem Schnabel.

Zur Beute des Road-Runners gehört auch die wohl bekannteste Schlange Amerikas: die Klapperschlange. Diese Giftschlange kündet ihre Anwesenheit durch lautes Klappern an. Dieses Rasseln erzeugt sie mit Horngliedern am Schwanzende, die bei den Schlangenhäutungen hängenbleiben und sich lokker im jeweils letzten Glied verankern. Mit diesem Klappern lockt die Schlange weder Beutetiere an, noch sind die Geräusche Paarungssignale – Klapperschlangen sind taub. Geklappert wird

Wo Wasser knapp ist, haben Pflanzen einen besonderen Schutz entwickelt.

In vielen regenarmen Hochplateaus und tiefeingeschnittenen Talschluchten verfügen Kakteen (unten) über sinnvolle Mechanismen, die ihnen helfen, selbst in Zeiten größter Dürre Feuchtigkeit zu konservieren – wie etwa der Igelkaktus (rechts). In regenreicheren Regionen bevölkern possierliche Präriehunde (rechts unten) das Land.

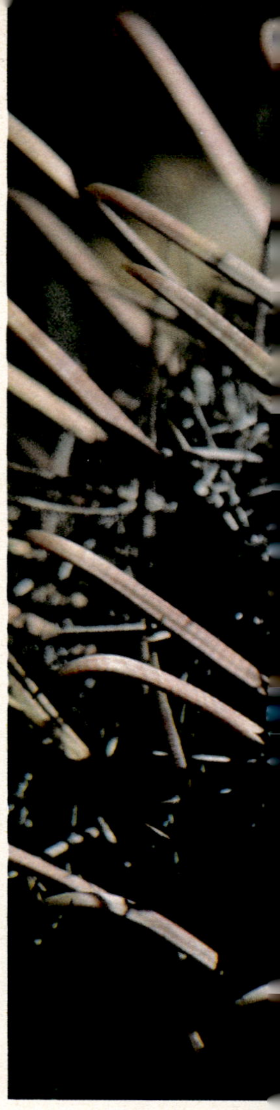

vielmehr zum Selbstschutz, als Warnung.
Die Klapperschlange reagiert auf minimale Temperatur-Unterschiede. Mit zwei grübchenartigen Vertiefungen zwischen Augen und Nasenlöchern spürt die Schlange warmblütige Tiere auf. Ihr perfektes Infrarotsuchersystem unterscheidet sogar die kälteren von den wärmeren Teilen des Beutetieres. Diese Fähigkeiten lassen die Schlange nachts problemlos Beute finden. In der Mythologie der im Canyon lebenden Indianer spielt die Klapperschlange eine wichtige Rolle. Die Hopi-Indianer tanzen bei ihrer großen Regenzeremonie den beeindruckenden Schlangentanz. Die Grundlage hierfür liefert eine Legende aus dem Grand Canyon: Ein Indianer suchte einst das Ende des Wassers. Er traf ein Schlangenmädchen, heiratete es und brachte es in sein Dorf. Die Bewohner hatten Angst und vertrieben die Schlangenfrau und ihre Schlangenkinder. Zur Strafe schickten die Götter eine große Dürre, die erst wieder zu Ende ging, als die Schlangen ins Dorf zurückgeholt wurden.

Für traditionsbewußte Indianer ist diese Geschichte ein Teil der Wirklichkeit, für zivilisierte Weiße allenfalls ein harmloses Märchen. Um Regen zu erhalten, müssen Wolken sich über einem bestimmten Gebiet ergießen – Schlangen haben damit nichts zu tun.

Die Inselgruppe im Pazifik ist ein einzigartiges Lehrbeispiel für die Entstehungsgeschichte der Tiere und damit des Menschen.

In

Arche Noah

seln von Galapagos.
m Pazifischen Ozean

Trickreiche Tauchmanöver fischender Blaufußtölpel.

Im Küstenbereich der Inselgruppe kann man häufig ganze Schwärme von Blaufußtölpeln bei ihren Sturztauchmanövern beobachten. Der blaufüßige Vogel greift die Fische nicht beim Eintauchen, sondern stößt an seiner Beute vorbei, um sie beim Auftauchen von unten zu überlisten.

Kaum ein Land hat die Frage nach der Herkunft und Entwicklung des Lebens so stark beeinflußt, wie 32 Inseln im pazifischen Ozean: die Schildkröten-Inseln oder, auf spanisch, der Galapagos-Archipel. Tausend Kilometer weit von der pazifischen Küste Südamerikas entfernt, lagen die Schildkröten-Inseln jahrhundertelang abseits des menschlichen Interesses. Auch ihre zufällige Entdeckung durch ein treibendes Segelschiff stieß lediglich auf ungläubiges Staunen: Inseln voller Echsen, Schildkröten und Vögel.

Als der junge Charles Darwin Mitte des vorigen Jahrhunderts, kaum 25 Jahre alt, mit dem Segelschiff »Beagle« rund um die Welt fuhr, macht er auf Galapagos jene entscheidende Entdeckung, die später zur Darwinschen Evolutionstheorie führte. Bis dahin glaubte die Welt an einen einzigen Schöpfungstag. Keine Kreatur Gottes habe sich jemals verändert, lediglich seien ein paar Tierarten ausgestorben.

Was den jungen Darwin auf Galapagos so besonders faszinierte, waren die großen Elefantenschildkröten. Auf jeder Insel sah diese Art etwas anders aus. Darwin entdeckte vorn aufwärts gebogene Panzer, andere von runder Gestalt oder Panzer mit flacher Wölbung. Die Verschiedenartigkeit schien dem Forscher keineswegs zufällig. Hatten doch die Schildkröten, die auf Inseln mit Baum- und Buschbewuchs lebten, lange Hälse und eine Ausbuchtung im Panzer, um den Kopf möglichst hoch recken zu können. Die Inseln mit Krautwuchs waren dagegen von Schildkröten mit kurzen Hälsen und plumpen Schilden bewohnt. Und doch gehörten alle der gleichen Art an. Darwin vermutete zu Recht, daß Umwelteinflüsse die Veränderungen der Tiere zu Unterarten bewirkten.

Wunderwelt Galapagos: Meerleguane tauchen wie Minidrachen in die Brandung. Sie fressen Algen.

Die Galapagos-Inseln hatten nie eine Verbindung zum südamerikanischen Kontinent. Sie entstanden vor Millionen von Jahren durch unterseeische Vulkanausbrüche. Die meisten Tiere, die auf den Vulkaninseln leben, wurden vor Millionen von Jahren auf Pflanzenflößen oder auf Baumstämmen vom südamerikanischen Festland durch den Humboldtstrom zu dem fernen Archipel verfrachtet. Hier mußten sie sich ganz neuen Lebensbedingungen anpassen, um zu überleben.

Der zoologischen Wissenschaft bieten die Inseln eine einmalige Gelegenheit, den Einfluß der Umwelt bei der Ausbildung der Arten zu studieren. Besonders faszinierend ist die Artumwandlung bei Leguanen, die vor Hunderttausenden von Jahren aus dem nahrungsreichen Küstenurwald Equadors auf die Vulkaninseln trieben. An die reiche Pflanzenwelt des tropischen Regenwaldes gewöhnt, fanden die Echsen auf den Vulkaninseln wenig andere Nahrung als salzige Meerespflanzen. Menschen müssen sterben, wenn sie nur Meerwasser trinken. Die auf Galapagos gestrandeten Echsen bildeten im Laufe der Zeit Salzdrüsen. Sie scheiden konzentrierte Salzlösungen aus den Nasenlöchern aus. Nachdem sich die Echsen an die neue Nahrung gewöhnt hatten, vermehrten sie sich so stark, daß die bei Ebbe freiliegenden Algen für ihre Ernährung nicht mehr ausreichten. Jetzt vollzog sich eine weitere faszinierende Anpassung: Schritt für Schritt wagten sich die Echsen ins Wasser, und so wurden sie schließlich zu Meerechsen – zu den einzigen Echsen, die auf den Grund hinabtauchen, um dort zu weiden.

Meine erste Begegnung mit diesen Minidrachen hatte ich auf der Insel Narborough, einem riesigen Vulkankegel,

Die Phantasie der Schöpfung ist grenzenlos.

An seinen langen, schwungvoll wehenden Schwanzfedern ist der rotschnäblige Tropicvogel (rechts) sehr leicht zu erkennen. Mit aufgeblähten Kröpfen geraten zwei balzende Fregattvogelmännchen (Mitte oben) aneinander. Der unförmige Kehlsack beeinträchtigt die sonst vollendete Flugkunst dieses besten aller Aufwindsegler (links oben). Rotfußtölpel (rechts außen) beim Balzzeremoniell.

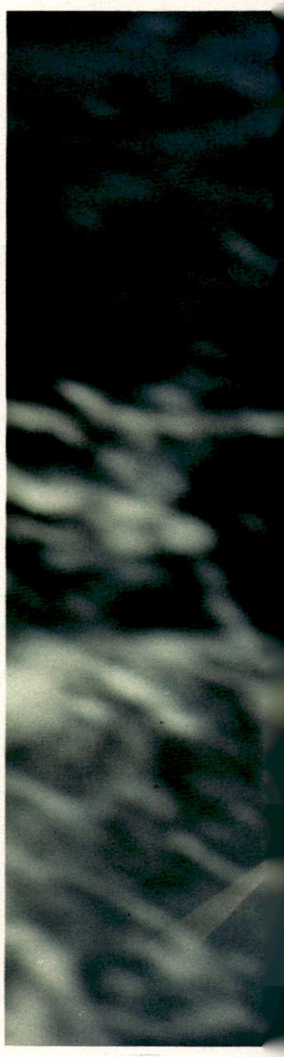

der sich kahl und abweisend aus dem grünblauen Ozean erhebt. Weil es dort kein Trinkwasser gibt, ist die Insel unbewohnt. Kaum waren wir in der Bucht von Punta Espinosa gelandet, starrten uns hunderte von Meerechsen entgegen. Ein phantastisches, geradezu unheimliches Bild, als wären wir durch Jahrmillionen ins Zeitalter der Dinosaurier zurückversetzt. Alle lagen unbeweglich auf dem heißen Lavagestein. Wenn jedoch die Flut zurückläuft, kommt Bewegung in das Reptilienvolk. Die Echsen erheben sich und klettern über die Lavafelsen zu den nassen

Die Leguane fürchten die Haifische. Sie lauern vor der Bucht auf »verirrte« Drachen.

Klippen, die aus der Brandung auftauchen. Auf ihrem Marsch zum Meer berühren die Minidrachen mit ihrer breiten Zunge immer wieder den Boden. Das dient zur Orientierung. Die Uferfelsen sind mit Tang, Algen und anderer Meeresvegetation reich bewachsen.

Wir tauchten zusammen mit den Echsen zum Meeresgrund hinab. Dort

Fischende Braunpelikane in der Espumilla-Bucht.

Trotz seiner plumpen Gestalt ist der Braune Pelikan ein gewandter Stoßtaucher, der stets im Schwarm jagt.

Das »Laboratorium der Natur« arbeitet mit bewundernswertem Erfolg.

Fünfzehn Finkenarten haben sich aus einer einzigen Art entwickelt. Unter ihnen ragt der Spechtfink besonders heraus: Mit Hilfe eines spitzen Kaktusstachels oder eines Stöckchens stochert er gezielt im löchrigen Holz morscher Bäume herum und gräbt fette Insektenlarven aus.

verankerten sie die langen Krallen im porösen Lavagestein und rissen mit den starken Kiefern die Algen von den Felsen, von der Dünung unbeeinflußt. Bis zu einer Viertelstunde können die Echsen unter Wasser bleiben, dann müssen sie wieder auftauchen, um zu atmen. Ihre Nahrungssuche ist gefährlich. Viele Haie lauern auf Beute und schnappen jede Echse, die sie erreichen können. In unmittelbarer Nähe tummeln sich Blau-, Weißflossen- und seltsame Hammerhaie, die einzigen Feinde der ausgewachsenen Echsen. Die Haie sind eine natürliche Barriere für die Echsen. Weil sie die Raubfische fürchten, bleiben die einzelnen Unterarten der Meerechsen auf jeder Insel unter sich.

Der Weg zurück auf den felsigen Strand, ebenso wie der Weg hinab zu den Futterplätzen ist für die Echsen jedesmal wieder ein gewagtes Unternehmen. Als ich zum erstenmal die donnernde Brandung erlebte und die Erfahrung machte, wie schwer es für uns war, durch die schäumenden Brecher an den Felsenküsten ins Wasser zu tauchen, war ich der Meinung, es würden sehr viele Meerechsen beim Anlanden verletzt. Aber mit Erstaunen sah ich dann, wie geschickt die amphibischen Reptilien das Aufbäumen der Brandungswellen ausnutzen, um sich zu den Klippen hochtragen zu lassen. Mit schlängelnden Körpern und wuchtigen Schwanzschlägen, die Beine mit den Krallen reglos nach unten gestreckt, gleiten sie hinauf. Es ist eine Schwimmweise von faszinierender Schönheit.

Ich hatte auch Gelegenheit, die Paarungszeit der Meerechsen zu erleben. Jedes starke Männchen, das je nach Unterart 50 bis 125 Zentimeter lang wird, ist an seinem hohen Drachenkamm zu erkennen. Es besitzt einen Harem von mehreren Weibchen und ein fest abgegrenztes Territorium. Sobald ein junger Drache den Versuch macht, sich den »Haremsdamen« zu nähern, wird er vom »regierenden« Männchen in die Schranken gewiesen.

Wenn Echsenmänner um ihren Harem miteinander streiten, setzt es Hiebe. Blut fließt aber nie.

Dies geschieht durch energische Bewegungen des Kopfes mit drohend geöffnetem Maul. Wenn dieses furchteinflößende Verhalten nicht genügt, kommt es zum Kampf: Die beiden Rivalen rennen mit voller Wucht gegeneinander. Ein Angriff folgt dem anderen, Stoß folgt auf Stoß, bis sich einer der Gegner geschlagen gibt und in einer Demutsgeste, den Kopf tief gesenkt, den Turnierplatz verläßt. Nie war eine Echse verletzt, da die kräftigen Kiefer nicht eingesetzt wurden. Ich sah auch

nie das stärkere Tier dem schwächeren folgen. Die Natur will ja nur, daß der Stärkere die Fortpflanzung besorgt.

Eine andere interessante Veränderung seines Verhaltens und seines Körperbaus zeigt der Galapagos-Kormoran. In allen anderen Gebieten seiner weiten Verbreitung kann der Kormoran fliegen. Auf den Galapagosinseln hat der Vogel diese Fähigkeit verloren. Seine Handschwingen verkümmerten, wohl, weil er keine Feinde hat, vor denen er davonfliegen muß. Außerdem schwimmt ihm die Nahrung gewissermaßen am Schnabel vorbei, so daß er keine Ausflüge unternehmen muß.

Während die Riesenschildkröten Charles Darwin durch ihre von Insel zu Insel abweichende Körpermerkmale

Der Hunger zwang die Finken, anderes Futter zu fressen. Der Spechtfink benutzt sogar Werkzeuge.

auf die Idee von der Bildung von Rassen brachten, war es eine Gruppe von Kleinvögeln – nach ihrem Entdecker »Darwinfinken« genannt, die dem englischen Forscher klar machten, daß durch veränderte Umwelteinflüsse sogar neue Arten gebildet werden. Darwin erkannte, daß es vor sehr langer Zeit ein paar Finken zum entlegenen Archipel verschlagen hatte. Ein Sturmwind hatte sie entweder weit übers Meer gejagt, oder die kleinen Vögel waren zusammen mit Treibgut gestrandet. Not hatten sie zunächst nicht zu leiden. So ging es ihnen sicher besser als den meisten anderen Tierarten, die vom Festland Südamerikas zum Archipel im Pazifik kamen. Die Finken vermehrten sich, und da ihnen kein geschickter Räuber nachstellte, breitete sich die Schar ihrer Nachkommen über die gesamte Inselgruppe aus. Aber dem ständig zahlreicher werdenden Finkenvolk reichte die bisher bevorzugte Nahrung auf die Dauer nicht aus.

Der Hunger zwang schließlich zur Umstellung auf anderes Futter, das bisher nicht genutzt worden war. Nach jenem selektiven System, das Charles Darwin erkannte und beschrieb, ließ die Natur in der Isolation des Archipels 14 verschiedene Finken-Arten entstehen. Sie werden nach der Form der Schnäbel unterschieden, die es den Finken ermöchlicht, das in ihrem Lebensraum vorhandene Futter zu verwerten. So gibt es nun Fliegenschnäpper und Kernbeißer, Weichfresser, Samenpikker und Larvenjäger.

Einmalig auf Erden ist der Spechtfink. Nur die Galapagos haben die Entwicklung des Spezialisten begünstigt, der zur Nahrungssuche kunstgerecht mit Werkzeugen arbeitet. Er wendet dabei verschiedene Tricks an. Der Spechtfink hat sich darauf spezialisiert, Insekten und deren Larven aus Bohrgängen und Borkenritzen von Baumästen- und Stämmen herauszuholen. Ähnlich wie die Spechte, deren Planstelle diese Finken auf dem Archipel übernommen haben, klopft er mit dem Schnabel gegen Ritzen und Rinden, um Insekten aufzuschrecken. Mitunter drückt er danach ein Ohr gegen das Holz, um zu horchen, ob sich darunter ein Beutetier regt. Hat der Vogel eine Larve oder einen Käfer ausfindig gemacht, pflückt er sich vom Baum ein

Albatrosse sind hervorragende Segler. Vor der Hochzeit tanzen sie mit dem Partner und wetzen die Schnäbel.

kleines gerades Ästchen, um es als Brechstange einzusetzen. Durch die Hebelwirkung des Werkzeuges gelingt es ihm, entweder die morsche Rinde loszusprengen, oder er stochert so lange darin herum, bis das Insekt den Schlupfwinkel verläßt.

Im Südosten der Insel Hood ist die beschwingte Welt der Vögel besonders reich vertreten. Auf dem flachen Küstenstreifen von Punta Cevallos nisten Schwalbenmöwen, blaufüßige Tölpel, Tropicvögel und Albatrosse so dicht nebeneinander, daß wir bei jedem Schritt

Die fremdartigen Kreaturen machten die Galapagos-Inseln weltberühmt.

Als Charles Darwin Galapagos entdeckte, lebte auf jeder Insel eine eigene Art von Riesenschildkröten, die sich vor allem in der Form ihrer Panzerung unterscheiden. Das obere Foto zeigt eine schlüpfende Hood-Schildkröte. Ein Beispiel friedlicher Koexistenz: Lava-Echse auf dem urweltlichen Schädel einer Meerechse (rechts).

darauf achten mußten, kein Gelege zu beschädigen. Die meisten Vögel blieben vertraut auf ihren Nestern und zwickten uns gelegentlich in die Hosenbeine. Der Albatros auf Galapagos ist der einzige von 13 Arten, der am Äquator lebt. Er nistet nur auf der kleinen Insel Hood. Mit der beachtlichen Flügelspannweite von 2,5 Metern gehört er zu den kleineren Arten. Der riesige Wanderalbatros erreicht eine Spannweite von 3,5 Metern.

Die tropischen Albatrosse vollführen bei der Balz absonderliche Tänze und begrüßen sich auf ungewöhnliche Weise. Das Zeremoniell beginnt, indem sich die beiden Vögel mit wiegenden Schritten den Kopf jeweils auf die linke oder rechte Schulter neigen. Diese Bewegungen wirken grotesk, weil die hervorragenden Segelflieger mit ihren riesigen Schwimmlappen schlecht zu Fuß sind. Nach einigen Tanzschritten bleiben die Partner stehen und vollführen ein seltsames Schnabelwetzen, indem sie die Schnäbel bei waagerecht ausgestreckten Hälsen hurtig gegeneinander reiben. Danach reißen sie die Köpfe in die Höhe und drohen sich mit weit geöffneten Schnäbeln an. Es folgen wieder ein paar Tanzschritte, erneut das rhythmische Schnabelreiben, aber dann richtet plötzlich einer der Vögel die Schnabelwaffe senkrecht nach oben und läßt ein langgezogenes »Triumpfgeschrei« hören. Zum Schluß verbeugen sich die Vögel mehrmals voreinander. Die Schnäbel weisen einladend zu Boden: Beide Tiere setzen sich an der festgelegten Brutstätte und kraulen sich zärtlich im Halsgefieder.

Verwilderte Haustiere bedrohen die Inselnatur. Wildhüter müssen sie schützen. Als Dokument der Evolution.

Der gesamte Galapagos-Archipel, der zu Equador gehört, ist heute Nationalpark. Die »wilden« Tiere stehen unter strengem Schutz. Menschen dürfen nur noch als Besucher auf die Inseln kommen. Doch das Andenken der Seeräuber und der nachfolgenden Walfänger ist deutlich sichtbar. Überall leben ehemals als »Proviant« eingeführte Feinde: verwilderte Schweine. Sie vernichten die abgelegten Eier und die winzigen Jungen von Vögeln, Schildkröten und Echsen. Hinzu kommen entlaufene Ziegen, die den Schildkröten und anderen Galapagos-Tieren das Futter wegfressen, sowie Wanderratten, Hunde und Katzen, die nicht nur Schildkröten-, sondern auch Vogelgelege plündern.

Auf der Galapagos-Insel Santa Cruz, im Zentrum des Archipels, wurde die Darwin Foundation errichtet. Diese Forschungsstation, mit erheblichen Geldzuwendungen – auch von der Zoologischen Gesellschaft von 1860 in Frankfurt – unterstützt, bietet Wissenschaftlern die Möglichkeit, in diesem einmaligen Freiland-Laboratorium Untersuchungen durchzuführen. Selbstverständlich bemühen sich die Parkverwalter, den Naturhaushalt des Archipels in Takt zu halten, indem vor allem vom Menschen eingeführte Tierarten auf ein verträgliches Maß reduziert werden.

▷ **Wie in Stein gehauene Dinosaurier – aber der Welt einzige Meerechse ist ein harmloser Pflanzenfresser.**

Die Anden sind die längste Gebirgskette der Erde. Auf ihren öden Plateaus äsen Vicuñas – ebenso scheue wie anmutige Tiere von der Größe eines Fohlens.

Das gol

Wilde Vicuñas.
dene Vlies der Anden

Die wilde Verwandtschaft der zahmen Wüstenkamele.

Die seidigweiche Wolle der Vicuñas ist mehr als dreimal so fein wie Merinowolle. Schon die Inka-Könige wachten streng über die Jagd auf dieses kostbare Andenwild. Ein schwunghafter Handel mit Vicuña-Fellen brachte die Tiere erst in unserem Jahrhundert an den Rand der Ausrottung. Intensive Schutzmaßnahmen sorgen heute dafür, daß der Bestand der Vicuñas wieder größer wird.

Südamerika ist nicht nur Urwald. Die Faszination dieses Kontinents liegt in den Gegensätzen der drei Klimazonen Küsten-, Anden- und Amazonasregion; die Natur leistet sich hier Extreme: Peru, Bolivien und Chile, als geographische Einheit gesehen, bieten Landschaften sowie Tier- und Pflanzenleben von einzigartiger Vielfalt und verblüffendem Reichtum. Wo der Humboldtstrom das südliche Meer kalt gegen die Küste drängt, macht die Artenzahl der Meeresfauna sprachlos. Der wildwuchernde Dschungel des Amazonas mit mehreren tausend Kilometer weglosem tropischen Regenwald birgt unentdeckte Geheimnisse. Nur die Anden, 8000 Kilometer weitläufige Gebirgsketten und Hochebenen, sind in den Gipfellagen ausgesprochen lebensfeindlich; die hohen Temperaturunterschiede zwischen Tag und Nacht können in der Puna – je nach Höhenlage – 50°C betragen und Nachtfröste treten in der Region über 4000 Meter fast täglich auf.

Das Fehlen frostfreier Zeiten, die geringen Niederschläge, die sogar oft eini-

Die Puna-Hochebene liegt zwischen den Kordilleren. Sie wird von Sonne, Wind und Frost regiert.

ge Jahre gänzlich ausbleiben, die zeitweilig außergewöhnlichen Windverhältnisse und die intensive Sonneneinstrahlung erfordern von den Lebewesen der Puna ein hohes Maß an Anpassung. Weite, unübersehbare Flächen sind mit Ichugräsern und Tolaheide bestanden. Nur selten wird die Eintönigkeit dieser Pflanzengesellschaft vom Grün der Bofedale (Hochmoore) unterbrochen: von Quellen gespeiste Oasen inmitten der Dürre. Kissenbildende Binsen prägen das Bild, enden jedoch plötzlich an einer Hügelkette und werden durch Tolagewächse und die stark harzhaltige polsterbildende Llaretapflanze abgelöst. Dieser windgeschützte Grenzbereich bietet vielen Kleintieren Schutz. Die Geröll- und Felsanhäufungen speichern tagsüber die Wärme und kühlen nachts nur langsam wieder ab. Diese Kleinklimazone ermöglicht unter anderem auch Kerbtieren ein Überleben. Sie wiederum sind Nahrungsgrundlage für Vögel, Amphibien und Reptilien.

Bei den ersten Sonnenstrahlen stellen sich die Sonnenanbeter der Puna ein. Die Erdleguane pressen sich, anfangs noch starr von der nächtlichen Kälte, flach auf den Erdboden und an den Fels und verbreitern damit ihre Körperoberfläche, um möglichst viel aktivitätsfördernde Wärme zu speichern. Sie können bereits bei wenigen Wärmegraden auf Jagd gehen und sind auch dann noch tätig, wenn andere Reptilien bereits in Kältestarre verfallen sind. Erdleguane sind vivipar, d. h. sie legen keine Eier wie ihre in klimatisch günstiger gelegenen Gebieten lebenden Verwandten, sondern lassen den Nachwuchs im Mutterleib bis zur vollen Lebensfähigkeit heranreifen. Schon

Vicuñas überleben, weil ihre Blutkörperchen oval sind. So passen sie durch die feinsten Kapillaren.

bald nach den Erdleguanen erscheinen die Bergviscachas an den Zugängen ihrer Wohnhöhlen und verharren in der wärmenden Sonne. Sie sind Verwandte des Chinchillas, kaninchengroß mit Löffelohren und buschigem Ringelschwanz, der bei Aktivitätsphasen als Stütze und zusätzliches Steuer ausgerollt wird. In direkter Nachbarschaft leben die Miniaturausgaben der Viscachas, die Phyllotismäuse, ewig hektisch beschäftigte Gnome, ständig auf der Hut vor ihren Feinden, den Greifvögeln. Sie entfernen sich zur Nahrungs-

Karges Leben in der Puna.

In der rauhen Grassteppe, wo kaum Regen fällt, sind die Nächte auch im Sommer bitterkalt. In dem steinigen Boden gedeihen ein paar harte Gräser und Bromeliengewächse (unten). Die Vicuñas, deren Herz und Lungen sich der dünnen Höhenluft angepaßt haben, müssen sich mit der spärlichen Vegetation bescheiden.

aufnahme nur wenige Meter von ihren Verstecken auf die freien Flächen der Bofedale und verschwinden wieselflink bei dem geringsten Anzeichen von Gefahr in ihren schützenden Geröllbehausungen.

Können die kleinen Bewohner der Puna die extremen Witterungsbedingungen durch den Aufenthalt in Kleinklimazonen ausgleichen, die größeren Tiere müssen besondere Anpassungsformen entwickeln, die ihnen das Überleben gewährleisten. Das grazile Vicuña schützt sich durch ein besonders dichtes und feines Haarkleid. Die bei anderen kamelartigen Tieren runden Blutkörper sind beim Vicuña oval und können so in die feinsten Kapillaren eindringen. Die besondere Form dieser Sauerstoffträger ermöglicht damit eine Leistungsfähigkeit, die in sauerstoffarmen Höhenlagen von 4 000 Meter über dem Meer für das auf passive Verteidigung eingerichtete Fluchttier lebensnotwendig ist.

Vicuñas leben in Familiengruppen von bis zu 15 Tieren. Die Sicherung und Überwachung der Herde übernimmt der Leithengst. Er muß den Eigenbezirk gegen Eindringlinge verteidigen und nimmt es selbst mit kleineren

Vicuñas haben die feinste Wolle. Sie war einstmals nur Königen der Inkas vorbehalten.

Raubtieren und wildernden Hunden auf. Halbjährige Junghengste werden aus der Familie ausgestoßen. Bis zu 200 von ihnen schließen sich zu großen Junggesellenverbänden zusammen und streifen ohne feste Territorien zwischen den fest begrenzten Bezirken der Familiengruppen ruhelos umher. Da keines der Tiere eine Leitposition einnimmt, sind sie äußerst anfällig gegen Gefahren. Wilderer mit weitreichenden Feuerwaffen haben ein leichtes Spiel: wird ein Hengst getötet, flüchten die anderen keineswegs, sondern verharren ängstlich aneinandergedrängt. So bieten sie ein hervorragendes Ziel und können nacheinander abgeschlachtet werden. In der Inkazeit blieben Produkte aus Vicuñawolle der herrschenden Schicht vorbehalten. Die Inkaherrscher trugen Kleidung aus feinster Vicuñawolle, die nach einmaligem Tragen der

▷

Ein flüchtendes Rudel Vicuñas. Trotz dünner Luft erreichen sie Geschwindigkeiten von fünfzig Stundenkilometern.

Sonne geopfert wurde. Die Inkas schöpften jedoch nicht bedenkenlos aus dem großen Reservoir der Vicuñabestände. Sie betrieben eine Wildbewirtschaftung, die als beispielhaft für die heutige Zeit gelten könnte. Nur alle drei Jahre wurden die Tiere bejagt: Mehrere tausend Indios bildeten eine sich langsam schließende Treiberkette und drängten die Tiere in vorbereitete Korrale, in denen sie schonend geschoren und dann wieder in die Wildbahn entlassen wurden. Nur ein Teil, meist Junghengste, wurde getötet und das Fleisch den Bewohnern des Jagdgebietes zur Verfügung gestellt.

Als die spanischen Eroberer im 17. Jahrhundert neben dem Gold auch das »Goldene Vlies der Anden«, die Vikunjawolle, die feinste Wolle der Welt entdeckten, begann eine unkontrollierte

Ihrer Wolle wegen wurden die Andentiere verfolgt und getötet. Jetzt sind sie geschützt.

Jagd, die sich bis in die jüngste Vergangenheit fortsetzte. Trotz Schutzgesetzen, erlassen im Jahre 1825 und 1920 in Peru, wurden noch zwischen 1902 und 1907 offiziell Wolle und Felle von 50000 Vicuñas exportiert. Der Raubbau ging unkontrolliert weiter, bis sich 1969 endlich Naturschutzexperten zusammensetzten und nicht nur rigorose Schutzmaßnahmen beschlossen, sondern auch von Fachleuten geleitete Reservate in Bolivien, Chile, Peru und Argentinien einrichteten. Zumindest in den Reservaten Pampas Galeras (Peru) und Lauca Nationalpark (Chile), sind die Vicuñabestände heute nicht mehr gefährdet. Wie sinnvoll die »Wildbewirtschaftung« eines Gebietes ist, zeigt deutlich der Vergleich zwischen den in den Hochanden durch Haustiere beweideten und ausschließlich durch Vicuñas genutzten Flächen. Haustiere, also Schafe, Pferde und Rinder reißen mit ihren hartkantigen Klauen und Hufen bei jedem Tritt die ausgedörrte

Haustiere zertreten die karge Bergvegetation. Vicuñahufe beschädigen die Pflanzen nicht.

Erdoberfläche auf und zerstören die spärliche Grasnarbe, fördern in weiten Teilen die Erosion. Die Endglieder der Paarzehen des Vicuñas jedoch sind mit elastischen Polstern unterlegt, die dem grazilen Paßgängern sicheren Halt im unwegsamen Gelände ermöglicht und zugleich die spärliche Pflanzendecke nicht zerstört. Die lebenslang nach-

Zwerg mit »hochtouriger« Lebensweise.

In den Anden findet man fast in allen Höhenlagen Kolibris – vom tropischen Regenwald bis zur Schneegrenze im Gebirge. Die Nahrung der winzigen Vögel besteht vor allem aus Blütensekreten und kleinen Insekten. Mit schwirrenden Flügelschlägen »stehen« sie vor nektarführenden Kaktusblüten (rechts), und füttern sich gegenseitig während der Balz (oben). Im peruanischen Andenhochland brütet der Riesenkolibri in den ausladenden Ästen eines Kaktusbaumes (rechts außen).

wachsenden und scharfen Schneidezähne ermöglichen die Aufnahme harter, niedrig wachsender und kieselsäurehaltiger Futterpflanzen, ohne daß diese ausgerissen oder auch nur gelockert würden. Die Größte der Familienbezirke richtet sich nach dem Futterangebot und kann zwischen 8 und 80 Hektar groß sein. Die Verteidigung des Territoriums übernimmt der Leithengst. Besonders in der Zeit, in der die Junggesellenverbände sich auflösen und die dreijährigen Hengste versuchen, eigene

Junggesellen müssen sich den Platz als Leithengst einer Vicuña-Familie im Kampf erobern.

Territorien und Familien zu erobern, stehen die alten Leithengste unter ständigem Streß. Überschreitet ein Junghengst die Territorialgrenze, imponiert der Reviereigentümer erst einmal vertikal, und droht schließlich breitseitig den Kontrahenten an. Läßt der Eindringling sich dadurch nicht beeindrukken, wird ein energischer Angriff unvermeidlich. Kopf und Hals wie bei einer aggressiven Hausgans weit nach vorne gestreckt, jagt der Revierbesitzer los. Seinen Willen zum Kampf unterstützt er durch ein schrilles Wiehern, das dem eines Ponys sehr ähnlich klingt. Meist genügen diese Attacken, um den Eindringling in die Flucht zu schlagen; nur selten kommt es zu einem wirklichen Kampf. Lediglich dann, wenn die Paarungszeit ihren Höhepunkt erreicht und die stärkeren Junggesellen mit ständig zunehmenden Druck in die Familienbezirke eindringen, kommt es zu wilden Auseinandersetzungen, die, unterstützt durch heftige Bisse, Körperrangeleien mit gellendem Wiehern, Grunzen und Pfeifen ausgetragen werden. Die Fohlen kommen in der Zeit von Januar bis Mai nach einer Tragzeit von elf Monaten zur Welt. Sie haben im Vergleich zu anderen Tieren mit elf Kilo ein hohes Geburtsgewicht. Bereits zwei Tage vor der Geburt wird das Muttertier

Kurze Zeit nach der Geburt kann das Vicuña-Baby schon laufen und klettern. Wie die Mutter.

unruhig und sondert sich langsam von der Familie ab. Der eigentliche Geburtsvorgang verläuft dann jedoch innerhalb von zehn bis 15 Minuten und bereits kurze Zeit nach der Geburt kann das Fohlen der Mutter folgen und wird in den Familienverband aufgenommen.

Auf den flachen Plateaus der Puna

Das Reich des Kondors sind die Anden.

Mit drei Metern Flügelspannweite ist der Kondor (rechts außen und unten) mit seinen nackten Kehllappen und den lockeren, truthahnähnlichen Hautfalten um die Augen der größte aasfressende Vogel der Erde. Der »König der Anden« fühlt sich noch in Höhen von 5000 bis 6000 Metern wohl. Zu den wenigen Lebewesen, die in diesen Regionen noch existieren können, gehören die drei Pfund schweren Hasenmäuse, Verwandte der seltenen Chinchillas.

ducken sich fast alle Pflanzen eng an den Erdboden, um dem Wind keine Angriffsflächen zu bieten. Selbst die harten Kakteen-Arten wachsen nicht in die Höhe, sondern in flachen Polstern und schieben ihre Blüten nur wenige Zentimeter in den stachligen Abwehrring der Dornen. In den geschützten Lagen der Täler, zwischen den Vulkanen jedoch, haben auch hochwüchsige Pflanzen Lebenschancen. Die ungewöhnlichste ist die Puya raimondii, die in der Blütezeit eine Höhe von neun Metern erreichen kann. Sie ist ein Relikt aus jener Zeit, in der die Anden noch flaches, sumpfiges Land waren; sie konnte sich dem ständigen Wachsen der Anden anpassen und trotzt nun auch den härtesten klimatischen Bedingungen. Die Puya ist von einem Schopf scharfer und stacheliger Blätter umgeben, die wie ein Abwehrring pflanzenfressenden Tieren den Zugang zum Hauptstamm verwehren. Nur einmal in ihrer Wachstumszeit – etwa nach 100 Jahren – bildet sie einen kerzenartigen, aus dem Zentrum aufragenden Blütenstand aus, an dem einige hundert Blüten mit Millionen Samen für den Fortbestand der Art sorgen. Der unzugängliche Rosettenschopf der Pflanze ist nicht nur Schutz- und Nistplatz für manche Kleinvogelarten. Er kann auch zur Todesfalle werden, wenn sie in überhasteter Suche vor einem Greifvogel Schutz in diesem messerscharfen Gewirr suchen und sich dabei selbst aufspießen.

Buntschillernde Vögel, tellergroße Spinnen und gefräßige Piranhas, paradiesische Schönheit und wilde Grausamkeit – der Amazonasdschungel.

Ko
Geheimnis des A

ibri und Jaguar.
azonas-Dschungels

Verborgene Blütenwunder im Regenwald.

Im trüben Dunkel des Amazonaswaldes findet man nur wenige Blumen, und sie sind fast alle klein und blaß. Farbenprächtige Blütenwunder wuchern hoch oben in den Kronen der Bäume. Die schönsten unter ihnen nennen die Eingeborenen »Töchter der Luft« – knallbunte Orchideen, die wie Fähnchen aus der grünen Hölle leuchten.

Die Ausdehnung des Amazonas-Flußsystems hat außergewöhnliche Dimensionen. Das Flußbecken umfaßt sieben Millionen Quadratkilometer, etwa 28mal die Fläche der Bundesrepublik Deutschland. In einem so riesigen Gebiet treten die Regenzeiten in den verschiedenen Regionen zu verschiedenen Jahreszeiten auf, wodurch Schwankungen in der Wasserführung ausgeglichen werden.

Besonders im Bereich des Rio Negro, eines Nebenflusses des Amazonas, und am Xingu, der von Süden kommend, durch den Matto Grosso fließt, ist der Amazonasurwald ein wahres Paradies mit einer unglaublichen Vielfalt von Tieren und Pflanzen.

Zu den Geschöpfen, die sich in geradezu verblüffender Weise dem Leben auf dem Bäumen angepaßt haben, gehören Frösche, die für Eiablage und Entwicklung der Jungen Wasser brauchen. Es gibt Arten, die Eier oder Kaulquappen auf dem Rücken zu Wasseransammlungen in Baumhöhlen oder an Bromeliazeenstauden tragen, wo für die Entwicklung des Nachwuchses günstige Voraussetzungen geboten sind. Diese »Baumsteigerfrösche« sind auf besondere Weise vor natürlichen Feinden geschützt. Ihre Haut hat Giftdrüsen, die von allen Tieren gefürchtet werden. Selbst Schlangen, die weitgehend von Fröschen leben, werden sie nur einmal in ihrem Leben attackieren. Dann hat sie sich das Erscheinungsbild der auch für eine Schlange ungenießbaren und nicht ungefährlichen Froschart eingeprägt. Früher verwendeten Indianer die Hautsekrete der Baumsteigerfrösche zur Herstellung von Pfeilgiften.

Bis in die Dachzone des Waldes leben zahlreiche Säugetiere wie Nasenbären, Opossum, Wickelbären, Ozelote, Baumstachelschweine und Faultiere.

Für Faultiere steht die Welt auf dem Kopf. Spezielle Muskeln ermöglichen ihre hängende Lebensweise.

Faultiere sind neben Gürteltieren und Ameisenbären endemische Säugetierspezialitäten Südamerikas, das während des Tertiärs von Nordamerika getrennt war. Die Faultiere leben in zwei Gattungen mit sieben Arten von Mittelamerika bis ins nördliche Argentinien. Diese absonderlichen Tiere, für die die Welt immer auf dem Kopf steht, sind an das Baumleben besonders angepaßt. Durch Umkehrung des Haarstrichs haben sie einen »Bauchscheitel«, sie besitzen in extremer Anpassung an Blattnahrung weder Schneide- noch Eckzähne. Bei ihrer hängenden Lebensweise

Aquatisches Leben im Amazonasbecken.

Unzählige Tierarten bevölkern die brodelnde Wasserwildnis: Das friedfertige Wasserschwein (unten), das größte heute lebende Nagetier der Erde; der giftige Erdbeerfrosch (rechts), mit dessen Hautsekret Indianer ihre Pfeilspitzen präparieren; der räuberische Piranha (rechts außen), einer der gefürchtetsten Schwarmjäger der Erde.

sind nur die Beugemuskeln zur Fortbewegung nötig. Die Streckmuskeln, die zum Beispiel dem Menschen das Einknicken der Beine im Stand verhindern, sind zu schwach, um das Tier zu tragen.

Noch größer als die Vielfalt der Säugetierarten ist der Reichtum der Süßwasserfische in Südamerika. Man schätzt die Zahl der Arten auf 2400 bis 2700! Mehr als die Hälfte davon leben im Einzugsgebiet des Amazonas. Eine vergleichbare Vielfalt gibt es in keinem anderen Stromgebiet der Erde. Die große Masse der Arten und Individuen gehört zur Unterordnung

Piranhas haben spitze Zähne. Doch sie fressen nur im Schwarm. Von ihren Opfern bleiben bloß die Knochen.

der Salmer (Characoidei), die in Südamerika in über tausend Arten vorkommen. Zu ihnen zählt auch der Piraya oder Piranha, ein in Schwärmen auftretender Süßwasserraubfisch. Die zweithäufigste Gruppe ist die der Welsartigen Fische (Siluriformes). Die Familie der Buntbarsche (Cichlidae) ist immerhin noch mit gut einhundert Arten vertreten. Sie wurde durch eine große Zahl von interessanten Zierfischen für das Aquarium berühmt.

Daneben gibt es in den Flüssen des Amazonasbeckens so einmalige Formen wie Süßwasserrochen, den Lungenfisch, den bis zu drei Meter langen Arapaima, den Zitteraal und zahlreiche lebendgebärende Fische.

Von verwirrender Schönheit ist die Vogelwelt des Amazonas. Zu den eindrucksvollsten Arten gehören die großen Aras mit ihren auffälligen krächzenden Stimmen und dem herrlich gefärbten Federkleid. Die prächtigste Erscheinung der 15 bunten Ara-Arten ist der dunkelrote Ara, dessen Schwanz über 60 Zentimeter lang ist. Es ist ein unvergeßliches Erlebnis, diesen Vogel

Vögel, so winzig wie Hummeln. Kolibris sind geniale Flugkünstler. Sie schweben wie Libellen.

im grellen Licht der Sonne über einen Flußlauf oder eine Waldlichtung fliegen zu sehen.

»Das kostbarste Geschenk, das die westliche Erdhälfte zur Vogelwelt beigetragen hat, ist die traumhaft schöne Familie der Kolibris, 319 Arten fliegender Edelsteine von unbeschreiblicher Farbenpracht und winzigen Ausmaßen.« Diesen Eindruck eines begeisterten Beobachters wird jeder teilen, dem es vergönnt ist, die märchenhaften Flugkünstler am Amazonas zu erleben. Infolge ihrer geringen Körpergröße und ihres hervorragenden Flugvermögens, haben die Kolibris eine Lebensweise angenommen, die der von Insekten sehr ähnlich ist. Sie beziehen den ungewöhnlich großen Energiebedarf aus dem Blütenzucker und das benötigte Eiweiß aus den Kleininsekten, die sie hier antreffen. Blüten locken vom Waldboden bis hinauf zu den Kronen der Waldriesen. Diese verschiedenen Lebensräume haben dazu geführt, daß sich bei den Kolibris die verschiedensten Anpassungen in Gestalt und Färbung entwickelt haben. Die Hummelkolibris messen von der Schnabel- bis zur Schwanzspitze nur 5,5 Zentimeter. Der Name ist trefflich gewählt, denn dieser Kolibrizwerg hat die Ausmaße einer größeren Hummel, und sein Gewicht erreicht höchstens zwei Gramm. Eine weitere Besonderheit der Kolibris ist ihre Flugweise, die in verblüffender Weise der von Insekten gleicht. Viele Insekten bewegen ihre Flügel wie ein Fahnenschwenker, der mit seiner Fahne eine Acht beschreibt. Kolibris machen das genauso. Die Arbeitsweise eines Kolibriflügels läßt sich gut mit einem Propeller vergleichen. Während

Geheimnisvolles Tierleben im größten Regenwald der Erde.

Der ungeheure Artenreichtum des Amazonas-Regenwaldes steht in krassem Gegensatz zur Anzahl der einzelnen Vertreter einer Art. Wegen der fast undurchdringlichen Dichte der Vegetation sind die Tiere schwer zu beobachten. Nur selten gelingen Aufnahmen in freier Wildbahn von Faultier (rechts außen), Sumpfhirsch (unten) oder Ozelot (rechts).

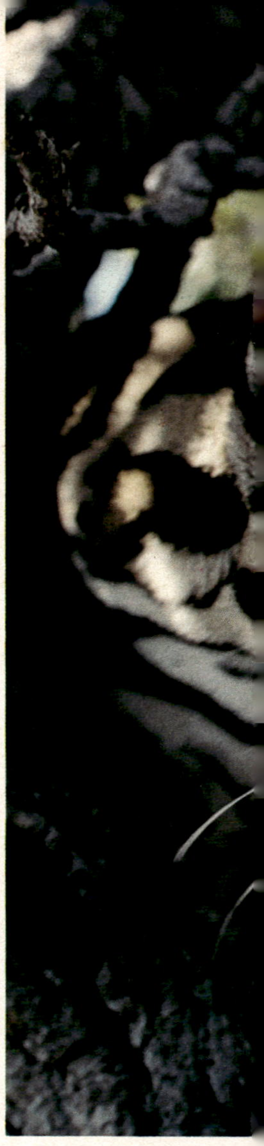

Die Pracht südamerikanischer Vögel hat auf der Erde nicht ihresgleichen.

Die grellbunten Aras gehören zum Schönsten, was der Amazonas-Regenwald zu bieten hat.

der Propeller aber seine Drehbewegungen immer in der gleichen Richtung ausführt, bewegt der Kolibri seine Flügel hin und zurück. Weil sich dabei die Flügel passiv nach oben wölben, entsteht sowohl beim Vor- als auch beim Rückschlagen eine den Vogel hebende Luftkraft. Der Vortrieb, den ein Propeller erzeugt, und ein Flugzeug nach vorn zieht, ist beim Kolibri ähnlich wie beim Hubschrauber nach oben gerichtet. Wer Kolobris aus der Nähe beobachtet, wird leicht erkennen, daß sie wie große Schwebfliegen blitzschnell von Blüte zu Blüte eilen. Je kleiner die Kolobriart, um so rasanter sind die Bewegungen. Sie vermögen urplötzlich im Flug anzuhalten und aus dem Rüttelflug in beliebiger Richtung voranzueilen. Lange blieb die libellenähnliche Flugweise der Kolibris, jenes Zuschießen auf die Blüte, jenes Verharren und Nektarsaugen im Schwebezustand, jenes Zurückschnellen und zur

Rückwärtsfliegen kann kein anderer Vogel. Erst die moderne Filmtechnik entlarvte das Kolibri-Geheimnis.

nächsten Blüte eilen, auch für Zoologen ein Wunder. Vor allem das Rückwärtsfliegen erschien unerklärlich. Bei den rasanten Flügelbewegungen – bis zu 75 pro Sekunde – waren die beschriebenen Aktionen mit normalen Auge natürlich nicht zu verfolgen. Durch moderne Filmgeräte, bei denen der Schwirrflug der Kolibris mit dreitausend Bildern pro Sekunde aufgenommen wird, war es möglich, das Wunder des Kolibrifluges genau zu analysieren. Für diese fliegerischen Höchstleistungen sind die Flügel der Vögel mit ganz ungewöhnlich entwickelten Flugmuskeln ausgestattet. Sie machen nicht weniger als 25 bis 30 Prozent des gesamten Körpergewichts aus.

Das Amazonasgebiet ist das Traumland wohl aller Schmetterlingsliebhaber. Viele der prächtigsten Falter bewohnen allerdings das hohe Dach des Waldes und sind daher nur schwer aus der Nähe zu bewundern. Welchen Reichtum an Schmetterlingen Südamerika besitzt, bestätigt ein englischer Forschungsreisender (Henry Walter Bates) mit den Worten: »Man gewinnt eine kleine Vorstellung von der Mannigfaltigkeit der hier lebenden Schmetterlinge, wenn ich erwähne, daß man während eines einstündigen Streifzuges nicht weniger als 700 Arten zählen kann«.

Es gibt kein Tier, das die Gemüter der Menschen im Amazonasgebiet mehr erregt als der Jaguar. »El Tigre«, wie er meistens genannt wird, gilt bei den meisten Menschen immer noch als

Inkarnation des Teufels, der den Fortschritt hemmt und der mit allen Mitteln bekämpft werden muß.

Im Verhältnis zu seiner Größe ist der Jaguar die kräftigste aller Großkatzen. Erst während der Eiszeit von Norden nach Südamerika eingewandert, hat er sich der altertümlichen Tierwelt des großen Inselkontinents hervorragend

Strategie und Kraft brachten den Jaguar in Verruf. »El Tigre« jagt Fische, Kaimane und Schweine.

angepaßt. Die bevorzugten Beutetiere des Jaguars sind die relativ langsamen Wasserschweine, die Pecari-Wildschweine, selbst Fische, Schildkröten, Schlangen und Kaimane. »El Tigre« besitzt nämlich weder die Schnelligkeit des Indischen Tigers noch die Eleganz und Beweglichkeit des Panthers. Er ist

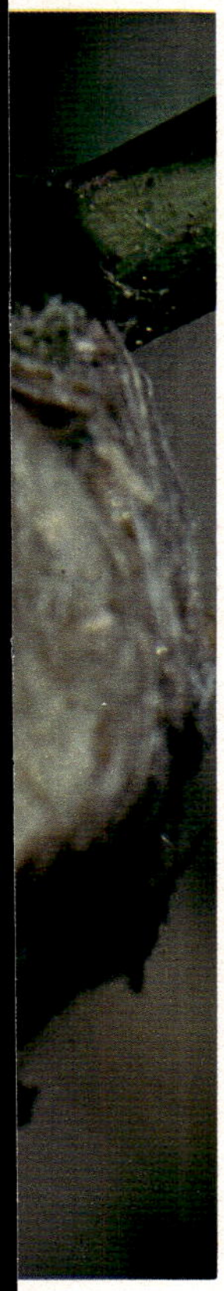

Vögel, die wie Libellen fliegen.

Wie Libellen oder Schwebfliegen können Kolibris, die farbenprächtigsten und kleinsten Vögel der Erde, in der Luft »stehen«, und Nektar aus einer Blüte saugen (rechts). Im Schwirrflug bewegen sich die Flügel 50 bis 80 mal in der Sekunde hin und zurück. Das Gelege eines Kolibris ist so klein, daß innerhalb eines Eherings zwei bis drei Eier Platz haben (links unten).

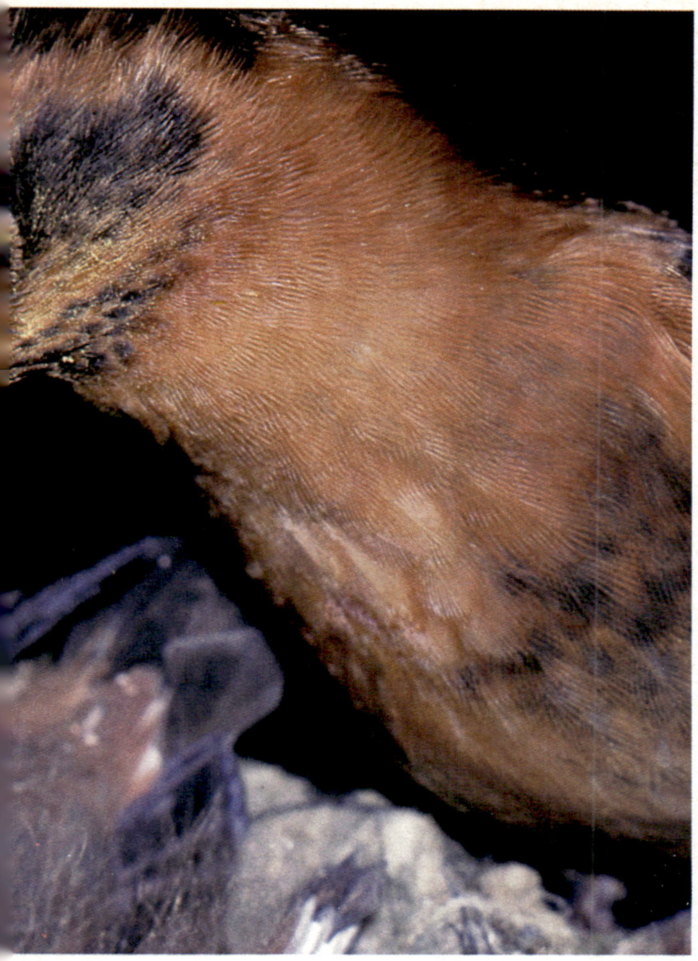

Ihr Gefieder funkelt in der Sonne wie kostbarer Edelstein.

Die kleinsten Kolibris werden kaum größer als eine Hummel, der Sonnenkolibri wiegt ganze zwei Gramm. Jede Kolibriart sucht bestimmte Blüten auf, die gleichzeitig von den Vögeln auch befruchtet werden. Die Zunge des Kolibris dient beim Nektarsammeln für die hungrige Brut als Saugrüssel.

in seinen Bewegungen bedachtsam und in seinen Angriffstrategien erfinderisch. Seine Überlegenheit liegt in Kraft, weniger in Wendigkeit und Sprunggewandtheit. Das bevorzugte Wohngebiet des Jaguars ist der ufernahe Galeriewald einsamer Flüsse. Solchen wildreichen und menschenfernen Gebieten bleibt er oft jahrelang treu. Während des Tages schiebt er sich ins Uferdickicht, um die heißen Tagesstunden zu verdösen. Ähnlich wie der Leopard in der afrikanischen Savanne klettern Jaguare auch gerne auf Bäume, wo sie Schatten und Kühlung finden.

Die Geheimnisse des Amazonas sind noch lange nicht erforscht. Zu gewaltig sind Strom und Landschaft.

Zu den seltsamsten Großsäugetieren des Amazonas gehören die Tapire, die zwar mit Nashorn und Pferd verwandt sind, jedoch stammesgeschichtlich die ältere Formenstufe darstellen. Besonders gerne halten sie sich in der Nähe des Wassers auf, in dem sie bei Gefahr auch Zuflucht nehmen. Sie schwimmen hervorragend und weiden auch gerne Sumpf- und Wasserpflanzen. Daneben besteht ihre Nahrung aus Blättern und Zweigen niedriger Bäume. Als Waldtiere, die in dichter Vegetation leben, riechen und hören Tapire besonders gut, während ihr Sehvermögen weniger gut entwickelt ist.

Die urweltlichen Rüsseltiere haben eine erfolgreiche Geschichte: 50 Millionen Jahre behaupten sie sich schon auf dieser Erde.

Der Amazonas ist ein verheißungsvolles Symbol für eine faszinierende Tierwelt. Aber auch ein Symbol für Abenteuer, Kautschuk, Gold und Diamanten. Amazonas bedeutet Nervenkitzel mit Curare, Anakondas und Kopfjägern. Traum- und Gruselbilder – weil bisher kein Forscher den geheimnisvollen Fluß richtig besiegt hat. Wer die Strapazen überlebte, kam mit der Entdeckung zurück, daß jede Beschreibung und jedes Bild nur ein Teil eines gigantischen Puzzles sind, das sich sicher nicht in diesem Jahrhundert zusammenfügen läßt.

Akrobaten in schwindelnder Höhe.

Ein kleines Äffchen, der drollige Wollaffe (oben), lebt hoch oben in den Baumkronen, wo sich ein großer Teil des Dschungellebens abspielt. Wie Totenkopfaffe (links) und Klammeraffe (links außen) verfügt er über einen Greifschwanz, der die Funktion eines fünften Körpergliedes einnimmt.

▷

Nur wenige Vögel suchen ihre Nahrung an den Flußufern. Zu ihnen gehören Reiher und die feuerroten Ibisse, die mit ihren langen Schnäbeln nach Fischen jagen.

AS

IEN

Die zweitgrößte Insel der Erde ist ein wildes, unerforschtes Land. Die bunten Vögel seiner Wälder schlafen angeblich auf einem Regenbogen.

Krä
Die Paradie

hen des Himmels. svögel Neu-Guineas

Noch keine 100 Jahre lang siedeln Weiße auf der Urwaldinsel.

Grüner, dunkler Wald soweit das Auge reicht. Neuguinea scheint nur aus Grün zu bestehen. Bis in Höhen von 3600 Metern wuchert der tropische Regenwald. An der Küste und den nackten Felsengipfeln der Vulkane findet er seine Grenzen.

Nördlich von Australien liegt die zweitgrößte Insel der Erde: Neuguinea. Über 770 000 Quadratkilometer breitet sich diese bisher nur wenig erschlossene Landmasse aus. Tropische Vegetation – kaum zu durchdringender Urwald und dicht verschlungenes Gestrüpp in nebelverhangenen Bergwäldern – bedeckt den größten Teil der Rieseninsel. Neuguinea beherbergt eine ungewöhnliche, ja phantastische Tierwelt. Hier lebt die riesige Kronentaube, groß wie eine Gans. Hier gibt es die kleinsten Papageien, die längsten Eidechsen, den menschengroßen Kasuar-Vogel, sowie 38 der insgesamt 43 bekannten Paradiesvogelarten. Die Paradiesvögel wurden allerdings nicht deshalb so benannt, weil sie wirklich paradiesisch schön sind, sondern weil man lange geglaubt hat, daß sie »niemals die Erde oder ein irdisch Ding« berühren. Neuguinea war in Europa noch kein Begriff, als Fürsten und reiche Sammler schon Unsummen für den Kauf der schimmernden Vogelbälge verschwendeten.

Die phantastischsten Geschichten wurden über die Lebensweise dieser Vögel erzählt: Paradiesvögel sollten sich angeblich von Regentropfen ernähren und auf Regenbögen schlafen.

Schließlich gelang es dem Naturforscher Carolus Clusius wenigstens ungefähr festzustellen, wo diese Vögel lebten, nämlich auf den »Papuanischen Inseln«; also nicht im Himmel, sondern durchaus auf der Erde. 1774 waren 12 verschiedene Arten bekannt und man hatte auch die Gewißheit, daß sie von

Paradiesvögel waren lange ein Rätsel. Solche schönen Vögel konnten nicht von der Erde stammen.

der großen Insel Neuguinea stammten. Aber es vergingen noch weitere 50 Jahre, bis der erste Naturforscher, der Franzose René Lesson, die Heimat der Paradiesvögel mit eigenen Augen erblickte.

Eine Generation später begannen die Forschungsreisen zur Entdeckung neuer Arten. Die Suche nach Paradiesvögeln, den funkelnden Juwelen des Urwalds, wurde zu einer Leidenschaft.

Die »romantische Zeit der Entdekkungen«, ist selbst heute noch nicht vorbei. Was bestimmt noch zu tun bleibt, ist die genauere Erforschung der Lebensweise der Paradiesvögel. Ich hatte mir vorgenommen, hierzu einen Beitrag zu leisten.

Auf dem Internationalen Ornithologenkongreß an der Cornell-Universität in Ithaka im Staate New York erhielt ich wertvolle Informationen für mein faszinierendes, aber ungewöhnlich schwieriges Projekt. So sind die roten Raggiana-Paradiesvögel, an denen man am eindrucksvollsten die Gesellschaftsbalz bewundern könnte, in der Nähe der Eingeborenensiedlungen bereits außerordentlich selten geworden. Wenn man sie heute noch finden will, ist das nur nach weiten, strapazenreichen Märschen durch weg- und steglose Wildnis möglich. Und die Eingeborenen, die man unbedingt braucht, sind nicht immer zuverlässig. Hinzu kommt, daß die Raggiana-Paradiesvögel zwan-

Tanzende Vögel in den Wipfeln der grünen Urwaldriesen. Eine wilde Balz im Farbenrausch.

zig bis dreißig Meter hoch in den Wipfeln der Urwaldbäume tanzen. Es wären also recht aufwendige Bauarbeiten für Hochsitze und Leitern notwendig.

Wir erreichten an den Urwaldhängen des Kub-Gebirges die ersten Balzplätze. Nach drei Tagen hatten unsere Eingeborenen-Helfer auf einem Nachbarbaum in dreißig Meter Höhe einen soliden Ansitz gebaut. Alle Bauarbeiten waren nur während der heißen Mittagsstunden möglich, wenn sich keiner der Paradiesvögel in der Nähe aufhielt. Die kleinste Störung während ihrer Balz hätte sie für längere Zeit vertrieben. Es

Verborgen im menschenleeren Regenwald.

Blaunacken-Strahlenparadiesvögel bei der Kopulation (rechts). Diese weniger bunten Paradiesvögel führen bei der Balz einen ergreifenden Schautanz auf. Raggis Paradiesvogel (unten) und Blauer Paradiesvogel (rechts unten). Kopfüber entfaltet er seinen Federschmuck.

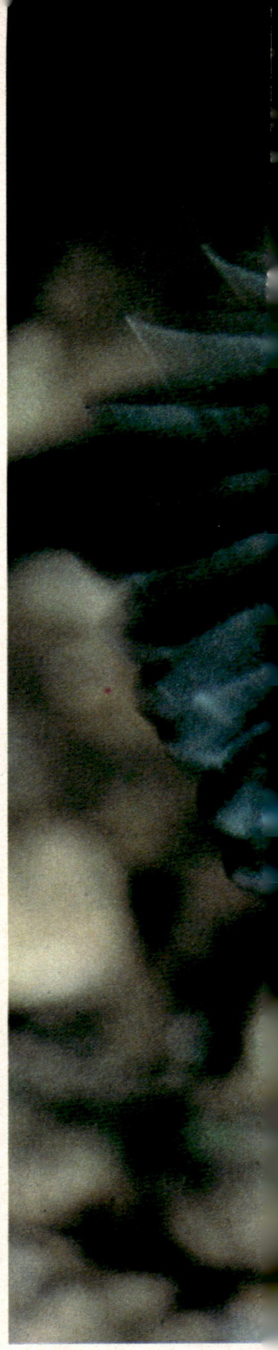

Im Morgengrauen findet der Schönheitswettbewerb statt.

Der balzende Raggis-Paradiesvogel plustert seine Schmuckfedern zu einer herrlichen »Blüte« auf.

war noch finstere Nacht, als wir am ersten Tag nach halbstündigem Anmarsch durch triefend nasse Büsche und Gräser vor unserem Ansitzbaum eintrafen.

Nachdem uns die eingeborenen Helfer verlassen hatten, schimmerte das erste Tageslicht durch das Laub der Wipfel und wir hörten das erste »Bellen« der Paradiesvögel. Sie waren noch auf ihren Schlafbäumen, ein paar hundert Meter entfernt. Zehn Minuten später hörten wir vor uns wuchtige Flügelschläge. Millimeterweise beugten wir die Köpfe vor, um durch die kleinen Gucklöcher den Paradiesvogel zu erspähen. Kurz hintereinander fielen drei, vier weitere Paradiesvögel in der Baumkrone ein.

Jedes Männchen hielt im Bereich des Wipfels einen zumeist schrägen Ast besetzt, um von dort aus zu werben. Jedem kam es darauf an, sich besonders auffällig Geltung zu verschaffen. Deshalb die bellenden Rufe, die von winkenden Flügelschlägen begleitet wurden. Zwischendurch zupften die Raggianas an den wenigen verbliebenen

Nur der schönste Hahn kann das Weibchen betören. Dann folgt die Hochzeit. Im roten Federschleier.

Blättern des Balzastes. Sie wollten nicht von ihnen verdeckt oder beim Tanzen behindert werden. Plötzlich wandelte sich ihr Rufen in ein erregtes Trillern. Geschwind eilten die Vögel an ihren Ästen rhytmisch hinauf und hinab, die roten Schmuckfedern wie lodernde Flammen entfaltet. Der Grund für die allgemeine Erregung war ein schlicht braun gefärbtes Weibchen, das auf die Spitze des Baumes geflogen war und die tobenden Freier von oben musterte.

Die Gattenwahl wird allein vom Weibchen getroffen und es erwählt sich immer den prächtigsten und stärksten Partner, der seine höchste Stellung in der Rangordnung dieser Balzgemeinschaft schon dadurch dokumentiert, daß er räumlich den obersten Wipfelplatz behauptet. Erst wenn ein jüngerer ihm diese Stellung in der Baumhierarchie streitig macht, wird er von einem Weibchen zur Hochzeit aufgefordert.

Obwohl sich in unmittelbarer Nähe vier weitere Paradiesvogelmännchen um die Gunst der Dame bewerben, ist auch sie von dem Hahn fasziniert, der in der Baumhierarchie führt. Das hinzu gekommene Weibchen versucht die Rivalin zu vertreiben, aber sie hat keinen Erfolg, der Hahn schenkt ihr keine Beachtung. Zwei bis drei Minuten tanzt er noch vor dem Weibchen seiner Wahl und dann vollziehen sie auf dem Balzast ihre Hochzeit, wobei er das Weibchen in seinen rotschimmernden Feder-

Wo der Wald unwegsam wird, haben die Paradiesvögel ihr Revier.

Wie Edelsteine schimmern Blauschwanz-Pitta (oben) und Viktoria-Krontaube (rechts) aus dem Dunkel des Waldes hervor. Das Prachtkleid der Vögel ist nicht nur Schmuck: Im Blütengewirr der Bäume ist es auch Tarnung.

schleier hüllt – ein diskreter Baldachin. Mehrfach hatte ich Gelegenheit das ungewöhnliche Balzverhalten des Blauen Paradiesvogels zu erleben. Er läßt sich von einem Zweig mit dem Kopf nach unten hängen, dann breitet er sein zart leuchtendes dunkelblaues Gefieder zu einem halbmondförmigen Schleier aus, in dessen Mitte ein ovales samtschwarzes Feld geöffnet wird. In zuckenden Bewegungen bringt der Blaue Paradiesvogel das entfaltete Gefieder zu geradezu unwirklichem Farbenspiel. Der König-Albert-Paradiesvogel gehört zu den kleinsten Paradiesvögeln. Dieser Zwerg lebt zumeist hoch oben in den Wipfeln der Urwaldbäume

Weil ihm der Federputz fehlt, schmückt sich der Laubenvogel Omann mit roten Beeren. Blendwerk für die Weibchen.

und vollführt keine auffällige Gesellschaftsbalz wie die Raggianas. Das einmalige am »Sachsenkönig« ist, daß er beiderseits der Stirn je eine Feder trägt, die seinen Körper an Länge um das zweifache übertrifft und aus vielen matt glänzenden Emailleplättchen zusammengesetzt erscheint. Einen recht bürgerlichen Namen trägt der größte Paradiesvogel, die »Mayer Paradieselster«, die ich in den höher gelegenen Bergwäldern Neuguineas beobachtete. Ein faszinierendes Bild, wenn die samtschwarz gefärbten Vögel mit ihren zwei fast einen Meter langen weißleuchtenden Schwanzfedern von Hang zu Hang über die tiefgrünen Täler streichen.

Warum Paradiesvögel so unterschiedliche und ungewöhnliche Balzverhalten entwickelt haben, läßt sich am besten aus der sexuellen Selektion erklären. Da das Vogelweibchen den Partner aussucht, kommt nur der Auffällige und Außergewöhnliche zur Fortpflanzung.

Im Hochland von Neuguinea wohnt der Lauterbachlaubenvogel, bei dem man die Phänomene dieser Vögel besonders gut kennenlernen kann. Er ist ein drosselgroßer schlicht braungrau gefärbter Vogel, der zum Anlocken der Weibchen an die 3 000 Stöckchen heranschafft, um eine »Liebeslaube« in Form eines Kreuzganges zu errichten. Sie werden so fest miteinander verbunden, daß man die große Laube in einem Stück davontragen kann. In der Mitte des Kreuzganges liegen Früchte und Steinchen, bis zu Tausend an der Zahl und einige rote Beeren. Kommt ein Weibchen zu Besuch, so nimmt der »Lauterbach-Mann« eine rote Frucht in den Schnabel, um sie als »Brautgeschenk« zu präsentieren. Dabei führt er einen Tanz auf und dreht seinen Kopf in kreisenden Bewegungen. Beim »Lau-

Kostbarkeiten des tropischen Regenwaldes.

Kopfüber vom Ast hängend schläft der Röhrennasenflughund (oben). Sein häutiger Flugapparat schützt und tarnt ihn. Zur Abschreckung dient die Farbe des Rüsselkäfers (rechts oben). Er ernährt sich vom Saft der Pflanzen. Der Laubfrosch (rechts) kann sich mit seinen breiten Zehen selbst an glatten Pflanzenteilen festsaugen. Dort lauert er auf Insekten, die er mit langer Zunge erbeutet.

terbach« ist der rote Federschopf im Lauf der Entwicklung verloren gegangen, als Ersatz bedient er sich nun der roten Beere. Die wohl erstaunlichsten Fertigkeiten beobachtete ich beim Kurzschopf-Gärtnervogel. Die Liebeslaube hat ein regendichtes domförmiges Dach und zwei frontale Eingänge. Zwischen den beiden Pforten war die Wand mit schwarzgrünem Moos verkleidet und zu einem Mosaik gestaltet. Auf der linken Seite lagen blau-glänzende Käfer, rechts Schalenteilchen von Schneckenhäusern wie in einem Schaufenster aus. Gelbe Blüten grenzten beide Felder voneinander ab. Alles war sorgsam und akkurat ins Moos gesteckt. Vor der »Hütte« breitete sich ein »Garten« aus, mit »Blumen« bestreut und von einem halbkreisförmigen »Zaun« umringt, der reich mit gelben und roten Früchten geschmückt war.

▷

Was im Wald lebt, muß nicht gut klettern können. Nur zum Fressen besteigt das Baumkänguruh die hohen Äste der Bäume. Viel lieber hüpft es auf dem Boden herum.

Himalaya – wo sich die Erde in himmlische Höhen reckt, umhüllt Einsamkeit die Berggipfel. Ungestörte Ruhe umfängt Pflanzen und Tiere, deren Refugium das Dach der Welt ist.

Wo die Schn

Welt in Wolken.
eeleoparden hausen

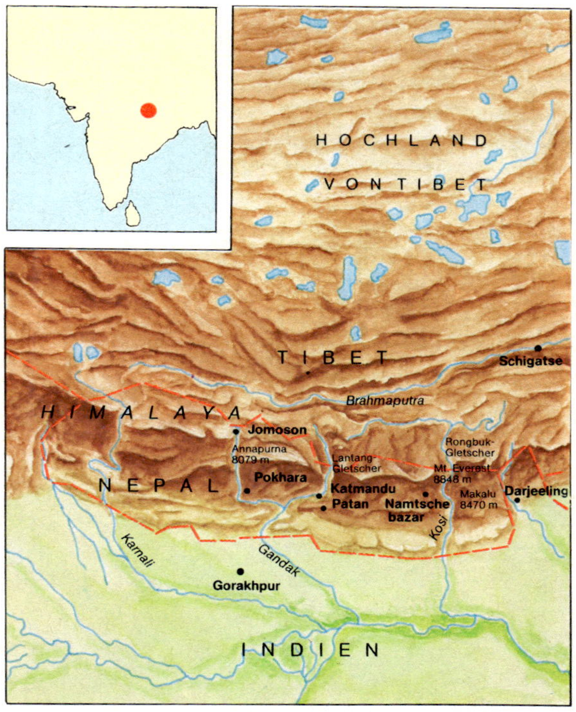

Der höchste Berg der Erde ist der »Himmelsgipfel«. Wir nennen ihn nüchtern Mount Everest.

Dunst umspielt die Gipfel schmeichlerisch wie ein hauchzarter Schleier. Nebel kriecht tückisch zwischen die Felsen und verschluckt die Sonne. Aus weißen »Watteböllchen« türmen sich in Windeseile drohend dunkle Wolkenberge, die ihre Last in tobenden Schneestürmen abwerfen.

Himalaya bedeutet »Heimat des Schnees«. Für Menschen, die in der Himalaya-Region geboren sind, ist das Gebiet außerdem eine Heimat der Götter, und für die kletternden Abenteurer stellt der Himalaya die Heimat der Rekorde dar.

In den höchsten Gefilden der Erde, wie zum Beispiel am Mount Everest, am Annapurna oder am K 2 - Gipfel, die in den letzten Jahren immer wieder Schlagzeilen machten -, existieren weder Pflanzen noch Tiere. Um eine belebte Welt zu sehen, muß der Betrachter auf bescheidenere Höhen hinabsteigen - bis zur Schneegrenze hinunter, die zwischen 4 500 und 6 000 Metern liegt. Blicken wir aus dieser Höhe nach unten, offenbart sich uns eine großartige, immer vielfältiger werdende Flora und Fauna - so voller Extreme, daß sie dem Fremden wie ein Märchen erscheint. Wer kann sich vorstellen, daß aus dem 800 Meter hohen Pokhara-Tal die Kette der Annapurna-Gipfel auf 8 000 Meter klettert? Oder, daß am Fuße des Himalayas im Dschungel bei 40 Grad Hitze tropische Regengüsse niederprasseln, während in den Regionen des ewigen Eises die Temperatur gleichzeitig bei minus 40 Grad liegen kann?

Wenn nach dem großen Monsunregen die Welt im Himalaya wie frisch gewaschen glänzt, und in 4 000 Meter Höhe sommerliche Temperaturen herrschen, explodiert dort ein Blumenwunder, das einzigartig ist. Das Edelweiß bildet helle Filzteppiche. Weihnachtssterne falten ihre Blüten wie rote Sonnenschirme aus - Blütenräder mit einem Durchmesser von manchmal 50 Zentimetern. Der Rhododendron, die Nationalblume Nepals, wächst in allen

Schneeleoparden sind einsame Jäger. Sie scheuen den Menschen. Das schützt nicht nur ihr schönes Fell.

Höhen des Himalayas, vom Zwergstrauch bis zum 30 Meter hohen Baum. Und dann ist da noch eine Pflanze - die Blume der Sehnsucht, der Romantik: der Scheinmohn, die »Blaue Blume«. Im Bhyundar-Tal, das zwischen nebelverhangenen Felsen wie durch ein Tor zu einer anderen Welt betreten wird, bildet der seltene Scheinmohn ein blaues Meer in 4 000 Meter Höhe.

In die hohe Felsregion haben sich einige Säugetierarten zurückgezogen, die sowohl das strenge Klima aushalten als auch die Einsamkeit des Hochgebirges brauchen. Dort haust die wohl schönste Raubkatze - der Schneeleopard. Der Irbis, mit seinem wunderschönen, dichten, weißlich-grau getüpfelten Pelz, kommt selten bis zur Baumgrenze herunter. Nur Hunger und fehlendes Jagdglück in höheren Zonen treiben den einsamen Jäger in die Tallagen. Aber meist findet er seine Nahrung auch in schwindelnder Höhe. Seine bevorzugte Beute, der Sibirische Steinbock, klettert ebenfalls in der Region zwischen Bäumen und Schnee. Der Schneeleopard, der sich so sehr zurückzieht, daß selbst Himalayabewohner kaum jemals ein Exemplar zu Gesicht bekommen, kann sich auch am Moschustier gütlich tun. Dieser geweihlose Hirsch ist mit langen säbelförmigen Eckzähnen ausgestattet, die er im Kampf verzweifelt als Waffe einsetzt. Gegen den gewehrbewaffneten Menschen, der hinter der Moschusdrüse zur Gewinnung wertvoller Parfums her ist, nützt das »Vampir«-Gebiß allerdings wenig.

In der Einsamkeit der Himalaya-Bergwelt leben viele Einzelgänger der Tierwelt. So das größte noch lebende Wildrind - der Yak, der noch in wenigen Einzelexemplaren in der 5 000-Meter-Region herumstapft und nach Futter für seinen massigen Körper sucht.

Der schönste Jäger im Himalaya.

Bis hinunter in die kargen Hochtäler schleicht der Schneeleopard (unten). Sein herrlich getüpfeltes und dichtes Fell ist Tarnung und Schutz zugleich. In den Schneefeldern der hohen Berge ist der Schneeleopard fast unsichtbar.

Dichtes, langzotteliges Fell bewahrt den Yak vor den zerstörerischen Wirkungen winterlicher Temperaturen, die bis minus 40 Grad fallen können. Kurze Beine, kleine Ohren und Augen und schmale Nüstern tragen zur »Wärmedämmung« bei.

Thar und Markhor sind die wilden Gebirgsziegen des Himalayas. Beide sind hervorragende Kletterer, obwohl vom Thar gesagt wird, daß er früher ein Tier der Ebene gewesen sei. Eindrucksvoll präsentiert sich der Markhor-Bock.

Das Dach der Welt ragt aus dem Dschungel. Grenzbereich für Pflanzen und Tiere.

Bei ihm geht der typische Ziegenbart in eine langfransige Mähne am gesamten Hals über. Seine langen Hörner sitzen wie zwei übergroße gedrechselte Korkenzieher auf dem Kopf.

Greifvögel beherrschen die Lüfte zwischen den Himalaya-Gipfeln. Bussard, Falke und Adler ziehen ihre Kreise und suchen Beutetiere, die sich in der Felsregion heimisch fühlen, wie Mongolische Gebirgsmaus und Großohriger Pfeifhase. Pfeifhasen, die mit ihren winzigen Pfoten, Schnauzen und Schwänzchen wie wollige Eier ausse-

hen, leben in unterirdischen Kolonien und setzen der dünnen Erdschicht maulwurfartig Haufen zu Tausenden auf. Die Aasfresser unter den Vögeln, die Geier, sind besonders zahlreich vertreten. Mönchs-, Himalaya-, Gänse- und Bartgeier gleiten lautlos durch die Lüfte, getragen von der Thermik, getrieben von der Suche nach Beute.

Eine ganz andere Welt tut sich dem Beschauer am Südrand des Himalayas auf. Am Fuß des großartigen Steinmeeres liegt das feuchte Land, die Terai – ein Dschungel. Bis in die 50er Jahre war jener Teil Nepals südlich des Himalayas ein Paradies für Panzernashorn, Königstiger, Ganges-Gavial, Gaur und viele andere Besonderheiten des Tierreiches.

Für den Menschen war das Sumpfland unbewohnbar. Nur ein kleiner malaria-resistenter Stamm lebte zwischen Rapti und Reu im Chitawan-Tal. Doch als die Malaria ausgerottet war, überschwemmte nicht nur mehr der Monsunregen das Land, sondern landsuchende Menschen. Sie rodeten und kultivierten das Tal, Reisfelder entstanden, wo früher unberührter Urwald wucherte. Mit der Besiedlung kamen auch Wilderer: das Horn des Panzernashorns, die Krokodilhaut des Ganges-Gavials und das Fell des Bengalischen Tigers versprachen schnellen Reichtum mit wenig Mühe. Die stattlichen Populationen gingen drastisch zurück und das Ende dieser Tierarten war absehbar. 1962 wurde das Gebiet südlich des Rapti-Flusses zum Nashorn-Schutzgebiet erklärt. Zehn Jahre später entstand hier der 550 Quadratkilometer große Royal Chitawan National Park, wo seither in großem Rahmen versucht wird, diesen Lebensraum bedrohter Tierarten zu sichern und zu erhalten. Beim Panzernashorn, dem zweitgrößten Säugetier an Land, kam die Rettung in letzter Minute: wegen der angeblich potenzsteigernden Wirkung des pulverisierten Hornes wurde der Zwei-Tonnen-Koloß im faltigen Lederpanzer bis auf wenige Exemplare ausgerottet.

In den breiten Tälern der großen Flüsse gedeiht tropischer Regenwald.

Durch die monsunfeuchten Wälder wandern Languren auf der Suche nach eßbaren Früchten. Weißes Haar und weißer Bart rahmen das schwarze Gesicht der Affen ein (rechts). Der Kleine Panda ist wie sein großer Bruder, der schwarzweiße Riesenpanda, ein seltener Bewohner des Bambus-Dschungels (unten).

▷

Auffallend ist der kleine Kopf des Schneeleoparden. Gemessen an seinem afrikanischen Verwandten ist der Schwanz der Katze besonders lang.

Rhododendron ist die Nationalblume von Nepal.

Die bis zu 30 Meter hohen Sträucher und Bäume entfachen im Frühjahr und Sommer ein tiefrotes und purpurnes Blütenmeer an den Berghängen.

Blume der Sehnsucht, der Blaue Mohn.

Der Himalaya-Scheinmohn (links außen) verwandelt die grünen Bergmatten im Sommer in himmelblaue Felder. Dann scheinen Himmel und Erde zu verschmelzen. Aus dichten Polstern reckt der Mannsschild seine roten Blüten in die klare Bergluft (links). In den Tälern öffnet der Gelbe Mohn seine Blütenpracht (unten).

Noch ziehen allerdings die urtümlichen Riesen durch den Sumpf, begleitet von einer Schar Mainas. Diese Vögel picken dem Nashorn Parasiten aus der Haut und tun sich an den Insekten gütlich, die das große Tier aufscheucht. Gefahr droht den Mainas auf einem Rhinozeros-Rücken kaum. Niemand wagt sich an ein ausgewachsenes Tier heran.

Einmaliges Beispiel: Menschen mußten ein Tal verlassen, damit die Tiere ruhig leben können.

Eine Annäherung wäre auch nicht ratsam, besonders wenn es sich um eine Nashorn-Mutter mit einem Jungen handelt. Dann greifen die Tiere alles an, was Gefahr verheißt.

Friedfertiger ist der Ganges-Gavial, der letzte Artvertreter einer Krokodilfamilie. Der Gavial-Bestand steht jedoch am Rande der Ausrottung: denn Reptilienhaut gilt als gewinnbringendes Handelsobjekt.

Die Geschlechter lassen sich beim Gavial leicht auseinanderhalten. Die Manneszier besteht in einem kartoffelförmigen Nasenhöcker.

Reiche Beute im Nationalpark macht der Königstiger. Der besonders scheue Tiger ist ein nächtlicher Jäger. Tagsüber schleicht er vorsichtig durchs dichte Dschungelgestrüpp. Tiger sind sicher keine harmlosen Tiere, und manche alten Raubkatzen können auch zu Menschenfressern werden, vor allem wenn sie angeschossen worden sind und nicht mehr jagen können. Im Chitawan-Park haben die etwa 30 erwachsenen Tiger genug Platz, um ungestört voneinander auf Jagd gehen zu können. Ihre Beutetiere reichen vom kleinen Muntjak, über den plumpen Schweinshirsch und den hübsch gezeichneten Axishirsch bis zum fast pferdegroßen Sambarhirsch. Der Königstiger wagt sich auch an Nashornkälber und das Dschungelrind Gaur heran.

Nur selten handeln Menschen so, daß sie das Leben bedrohter Tiere höher bewerten als den eigenen wirtschaftlichen Nutzen, wie es beim nepalesischen Nationalpark geschah. Hier wurde eine Entscheidung getroffen, die dazu beiträgt, daß wir eines Tages die meisten wilden Tiere nicht nur durch Bilder aus der Vergangenheit kennen werden.

▷

Über den Wolken ist die Freiheit nicht grenzenlos. In der dünnen Luft der Eisregion ist kein Platz für große Pracht.

Jungfräulich und grün – eine riesige Insel voller Wunder, bunten Orchideen und scheuen Orang-Utans.

Gehe
Im Nebelre

…imnisvolles Borneo. …ch des Regenwaldes

Wärme und Feuchtigkeit locken die farbenprächtigsten Blüten.

Wenn der Monsun seine schwere Regenlast über den riesigen Wäldern abgeworfen hat, explodiert im Dschungel ein Feuerwerk der Blüten. Mit kleinen Wassertropfen geschmückt funkeln sie für die Insekten. Der optische Lockruf hat nur einen Zweck: die Pflanze will befruchtet werden und Samen bilden.

Die Geburt der drittgrößten Insel der Welt ist keine 15 Millionen Jahre her, verglichen mit anderen Inseln und Kontinenten hat sie ein jungfräuliches Alter. Und wäre nicht das Paradies schon zwischen Euphrat und Tigris gelegen, die neue Insel wäre es sicherlich geworden: Borneo – das tropische Urwaldland zwischen Asien und Australien.

Auf Borneo tummelten sich weder Saurier noch andere Urzeitechsen: Prähistorisches Leben, wie es der übrige Erdball erlebte, fand hier nicht statt. Trotzdem zählt die grüne Insel im Malaiischen Archipel zu den lebensreichsten Gebieten der Erde. Neben dem Amazonas- und dem Kongo-Dschungel besitzt Borneo das drittgrößte zusammenhängende Urwaldgebiet der Erde. Es erstreckt sich von der Küste bis hinauf in die Berglandschaft. Nur der 4175 Meter hohe Kinabalu ragt als nackter Fels aus dem Wald. Nirgendwo ist der tropische Regenwald so artenreich, so faszinierend fremd wie auf Borneo. Ein Wald voller Wunder. In seinem Schutz entfaltet die größte Blume der Erde, die Rafflesia, ihre schweren Blütenblätter, auf dem Boden leuchten nachts gespenstisch die Pilze, während darüber Schwärme von Leuchtkäfern ihre Botschaften durch das Dunkel des Waldes morsen. Auf Borneo fliegen Echsen, gehen Fische auf dem Land spazieren oder klettern sogar auf Bäume. Pflanzen halten sich Ameisen als Haustiere, Spinnen fressen Mäuse. Dazu bietet der Regenwald auch noch »Gewöhnliches«: Elefanten, Leoparden, Nashörner, Menschenaffen, schöne Vögel und seltsame Beuteltiere.

Pflanzen und Tiere kamen einstmals aus Asien und Australien – und so selt-

Regen und Nebel gibt es auf Borneo im Überfluß. Üppig wuchert die Vegetation. Ein grünes Paradies.

sam das klingt, fast trockenen Fußes durchs Meer. Zur Zeit der letzten großen Eiszeit sank der Wasserspiegel der Ozeane tief ab. Die Inseln des malaiischen und indischen Archipels waren plötzlich mit den Kontinenten verbunden, der Urwald und seine Tiere machten einen Jahrtausende dauernden langen Marsch über diese Landbrükken. Als das Wasser wiederkam, waren alle Inseln bis zu den Philippinen von einer mächtigen Vegetation und artenreichen Tierwelt besetzt.

Irgendwann einmal kamen auch Menschen, Negritos, nach Borneo. Andere Völker, Malaienstämme, die als Kopfjäger bekannt wurden, ver-

Bunt wie Blüten und Schmetterlinge: die Vögel.

Grelle Farben sind nicht nur da, um aufzufallen. Im leuchtenden Farbenspiel der Blüten sind die bunten Vögel geradezu getarnt. Der Bienenfresser (rechts) macht zwischen ihnen leichte Beute, und auch viele andere Vögel fühlen sich in ihrer Nähe vor Feinden sicher.

drängten sie. Doch entscheidend beeinträchtigt hat das die große Insel nie – erst als die Europäer kamen, ging die Natur Schritt um Schritt zurück. Heute fressen riesige Baumsägen Schneisen in den tropischen Regenwald – das Holz ist wichtigstes Exportgut der Insel. Borneo ist durch die Nähe zum Äquator besonders begünstigt: Zweimal im Jahr kommt der regenreiche Monsun – einmal von Nordwesten, das andere Mal von Süden.

Viele große Flüsse schwemmen die riesigen Wassermengen ins Meer. Doch auch täglich öffnet der Himmel seine Schleusen. Gewitter fegen am Nachmittag über den Dschungel hinweg. Die Wälder an den Berghängen verschwinden im Nebel – werden förmlich ins Wolkenmeer getaucht. Dadurch herrscht auf der Insel überall und ständig Treibhausklima.

Wie andere Regenwälder auch, ist der Dschungel auf Borneo in Etagen

Orchideen blenden mit phantastischem Blütenzauber. Noch immer werden neue Arten entdeckt.

gegliedert: Unten gedeihen Pilze, Moose und Farne, das nächste Stockwerk besiedeln Büsche und junge Bäume und ganz oben residieren die Kronen der 50 Meter hohen Urwaldbäume. Im Gewirr der Äste haben sich nicht nur Lianen breitgemacht, sondern eine besondere Pflanzengemeinschaft, die Epiphyten: Farne- und Orchideengesellschaften mit bezaubernder Farbenpracht. In Höhen von 15 und mehr Metern leben sie von Licht und Luft – vom Nebel des Regenwaldes. Bisher wurden 72 Orchideenarten entdeckt – doch Wissenschaftler vermuten, daß noch an die Hundert Arten unerkannt vor sich hin wuchern.

Borneo ist nicht nur ein Orchideen-Paradies, sondern bietet auch fleischfressenden Pflanzen ideale Wachstumsbedingungen. Spezialisten auf diesem Gebiet sind die Kannenpflanzen. 67 Arten haben sich auf der Dschungelinsel entwickelt. Die tödlichen Blumen fangen ihre Opfer auf raffinierte Weise:

▷

Wenn die Pflanzen einen Platz an der Sonne erobert haben, kann es hundert Jahre dauern, bis der nächste Baum ihnen das Licht streitig macht.

Ihre kannen- oder kesselartigen Blüten sind mit einer ätzenden Verdauungsflüssigkeit gefüllt. Angelockt über Nektardrüsen am oberen Rand klettern Insekten zunächst freiwillig in die Blüte. Der glatte Rand wird ihnen jedoch schnell zum Verhängnis. Sie können sich nicht halten und fallen in die Flüssigkeit. Dort »verdaut« sie die Pflanze. Das mineral- und stickstoffhaltige Eiweiß der Fliegen, Käfer, Falter und Bienen ist ihnen Ersatz für fehlenden Bodenkontakt. Ein anderer Epiphyt schafft in seiner Knolle ein Labyrinth von Gängen, in dem Ameisen Quartier beziehen. Weil Ameisen reinliche Tiere sind, befördern sie ihre Abfälle in spezielle »Sackgassen«. Diese »Kloaken« und »Müllkippen« durchziehen wiederum Wurzeln der Pflanze. So gelangt sie an bodenfernen Stickstoff und lebenswichtige Salze. Die Ameisen bringen der Pflanze jedoch einen weiteren Nutzen: Sie vertilgen Raupen und andere Schädlinge.

Andere Ameisen wiederum, wie z.B. die Weberameisen, bauen Nester zwischen die Blätter. Dabei weben die Tiere viele Blätter aneinander. Die Abstände dazwischen überbrücken sie im Teamwork: Ein paar Ameisen klettern Brücken bauend übereinander und ziehen so auch entfernte Blätter zum Nestbau heran. Mit einem Trick heften sie schließlich die Blattränder zusammen: Als »Weberschiffchen« benutzen sie dabei ihre seidenspinnenden Larven.

Eine Besonderheit des Dschungels sind die Flugechsen, Flugfrösche und

Schmuckbaumnattern »fliegen« auf einem Luftpolster. Echsen segeln von Baum zu Baum.

fliegenden Schlangen. Wie in keinem anderen Teil der Erde haben sie sich auf den freien Fall aus der Höhe spezialisiert. Und das tun sie keineswegs nur, um zu fliehen. Die Schmuckbaumnatter läßt sich von hohen Ästen gleiten. Dabei verändert die etwa ein Meter lange Schlange ihren runden Körper zu einem platten Band. In die Unterseite zieht sie zwei Wölbungen ein, in denen

Jäger und Gejagte im Dschungel.

Leoparden (links und links unten) sind bei den Gibbons (rechts unten) gefürchtete Feinde. Die gewandten Jäger scheuen keinen Baum, klettern sicher bis in die Wipfel. Die Gibbons sind ihnen jedoch als Turnkünstler überlegen: Sie benutzen ihren Schwanz als fünfte Hand. Nur schwache und unvorsichtige Affen werden zur Beute der getüpfelten Katzen.

ein Luftpolster entsteht. Ohne sich zu verletzen, kann sie mit beachtlicher Geschwindigkeit ins Unterholz »segeln«. Während die Schlange nur geringe Entfernungen mit solchen Künsten überbrücken kann, schwebt der Flugdrache von einem Baum zum anderen.

Kopfüber hängen die zu den Agamen gehörenden Flugdrachen an den Ästen und lauern auf Ameisen, die ihre Hauptnahrung sind. Wenn sie fliegen, spreizen sie nicht nur einen Halskragen, sondern seitliche Segel-Fortsätze der Rippen. Anders als die Tarnfarbe der Agamen sind die Segel rot, gelb oder blau gefleckt. Fliegen können jedoch nur die Männchen. Die Weibchen müssen hinunter klettern. Das tun sie jedoch nur, um Eier zu legen.

Der Faltengecko springt nur zur Flucht vom Baum. Er hat Flughäute

Statt Schwimmhäuten hat ein Frosch Flughäute zwischen den Zehen. Seine Eier kleben an Blättern.

zwischen den Zehen, sowie steife Hautsäume an Kopf, Rumpf und Schwanz. Vor dem Sprung werden diese Säume regelrecht ausgefahren, um dem Tier beim Fall Auftrieb zu geben.

Mit Flug- anstatt Schwimmhäuten zwischen den Zehen ist auch der Flugfrosch ausgestattet. Dieser Baumbewohner laicht nicht mehr im Wasser, sondern hoch im Geäst der Urwaldriesen. Dazu hüllt das Weibchen die Eier in eine mit den Hinterbeinen zu Schaum geschlagenen Eiweißmasse und klebt sie an Blätter.

Zu einem perfekten Flugtier hat sich auch ein Säugetier entwickelt – der Pelzflatterer. Das katzengroße Tier hat eine elastische Flughaut, die auf beiden Seiten vom Kinn bis zur Schwanzspitze reicht. Beim Sprung braucht er nur die Beine zu spreizen und wird zu einem dreieckigen »Drachen«, der im herrlichen Gleitflug bis zu 140 Meter weit segeln kann. Flughäute zwischen den Ze-

Primaten – die am höchsten entwickelten Säugetiere. Auf Borneo leben einundzwanzig Arten!

hen helfen ihm dabei. Pelzflatterer hängen kopfüber an den Ästen. Wie die Beuteltiere und Fledermäuse bauen sie keine Nester, sondern tragen ihr Kind in der Flughaut umher.

Geschickte Segler sind auch die Flughörnchen. Bei ihnen sind nur die Beine mit den Flughäuten verbunden, während mit dem Schwanz gesteuert wird. Diese mühelose Art der Fortbe-

wegung muß allerdings immer erst von den Tieren über einen hohen Baum erklettert werden.

Einzigartig in der Fauna Borneos ist auch die Zahl der Primaten-Affen, die sich in ihrer Familie am weitesten entwickelt haben. Wissenschaftler sehen in diesen Affen die engsten Verwandten des Menschen. Zu den typischen Merkmalen der Primaten gehören große Gehirne, nach vorn gerichtete Augen, Greifhände und abgeflache Fingernägel. Auf Borneo leben 21 Primatenarten! Einige von ihnen sind: Koboldmaki, Lori, Spitzhörnchen, Gibbon, Makkake, Nasenaffe und der Orang-Utan.

Das letztgenannte Tier ist das asiatische Gegenstück zu den afrikanischen Menschenaffen. Anders jedoch als der

Orang-Utans leben als Einzelgänger. Sie suchen im Geäst der Urwaldriesen nach nahrhaften Früchten.

Gorilla oder Schimpanse lebt der »Rote Waldmensch« ausschließlich in den Bäumen und vorwiegend allein. Lediglich die Weibchen wandern mit einem oder zwei Kindern durch den Dschungel. Orang-Utans sind friedfertige Pflanzenfresser. Das hindert sie jedoch nicht, ab und zu ein Vogelnest, einen Ameisenbau oder die Vorratskammer der Bienen zu plündern. Die Orang-Utans bewegen sich, vorsichtig auf den Ästen

Farbenprächtige Symbole für das Leben.

Buddhisten sehen in der Lotosblume (rechts oben) ein leuchtendes Beispiel für die Schönheit des Lebens. In den strömungslosen Flußarmen und Seen recken die Seerosen wie auf ein geheimes Kommando ihre Blüten über das Wasser (links).

balancierend, von Baum zu Baum – immer auf der Suche nach wilden Früchten. Anders als für Insektenfresser ist der Urwald für Früchtesammler kein Tischlein-Deck-Dich. Auf Borneo können die Bäume nur im Zusammenhang mit den Monsunzeiten Früchte tragen. Blüten- und Fruchtproduktionen folgen deshalb nicht ständig aufeinander und Früchte müssen von den Affen gesucht werden. Sie springen jedoch nicht von Baum zu Baum, sondern nutzen federnde Äste, bewegliche Jungbäume oder Lianen, um sich an einen anderen Futterplatz zu schwingen. Lediglich die Jungtiere können im Geäst herumtollen. Dabei gebrauchen sie ihre Füße wie Hände. Ausgewachsene Orang-Utans sind sehr kräftig. Trotz-

Der Rote Waldmensch ist streng geschützt. Trotzdem werden viele Affenbabys als Haustiere gehalten.

dem kommt es kaum zu ernstgemeinten Kämpfen unter mehreren Tieren, selbst wenn es Revierstreitigkeiten geben sollte. Dem Menschen weichen sie lieber aus. Nur von ihm droht dem Orang-Utan Gefahr.

Noch vor 100 Jahren soll es schätzungsweise 500 000 Orang-Utans gegeben haben. Heute leben allenfalls 5 000 bis 7 000 Tiere in den Regenwäldern Sumatras und Borneos. Obwohl diese engen Verwandten des Menschen unter absolutem Schutz stehen, werden immer noch Affenmütter getötet, um die zutraulichen Jungtiere zu rauben. In Malaysia und Indonesien sind sie als Haustiere sehr beliebt. Auch die Eingeborenen der Insel halten Orangs in ihren Hütten als lebendes Spielzeug für ihre Kinder. Barbara Harrison vom Sarawak-Museum in Kuching gründete vor der Küste auf einer Urwaldinsel eine Aussiedlungsstation für solche zivilisationsgeschädigten Affen. Langsam werden die Tiere an ihre natürliche Umgebung gewöhnt. Vor allem daran, daß sie allein Futter suchen müssen.

Weitaus beweglicher, dafür kleiner und nicht so intelligent, ist der Gibbon. Er lebt in den gleichen Revieren wie der Orang-Utan und ebenfalls von Früchten. Mit seinen überlangen Armen springt und hangelt er sich durch die Äste. Auch er ist schwanzlos, was ihn aber nicht hindert, mit wahrhaft akrobatischen Salti durch die Wipfel zu poltern. In Familien durchstreifen die Gibbons den Wald. Ihr Verhalten im täglichen Zusammenleben ist in vielerlei Hinsicht menschlich: Nicht nur die Affenkinder streiten und raufen untereinander, sondern auch Mutter und Vater. Gibbon-Familien besitzen ein Revier und haben eine ergreifende Zeremonie entwickelt, es gegen eifersüchti-

Gibbons beginnen den Tag mit Geschrei und Gesang. Ein Konzert, das den Dschungel erfüllt.

ge Nachbarn oder Junggesellen abzugrenzen. Den Gibbon-Tag beginnt das Männchen mit wimmerndem und klagendem Geheul. Fast könnte man meinen, die Töne würden von einem Vogel erzeugt. Nach dem ersten Frühstück jedoch singt das Weibchen kräftig mit. Nacheinander fallen dann auch die Jungen in das lärmende Staccato ein. Danach überlassen Vater und Kinder dem Weibchen den Schlußgesang: Auf längere Passagen folgen kürzere Schreie bei steigender Tonhöhe, bis schließlich

Das Leben unter dem grünen Blätterdach ist gefährlich.

Drohend lauert der Kopf des Baumschnüfflers in Abwehrstellung (oben). Der Schlanklori (links) ist ein geschickter Jäger. Mit den parallel stehenden Augen und den ausgebildeten Greifhänden zählt er schon zu den Primaten – Verwandte des Menschen.

Konzertlautstärke erreicht wird. Den Refrain schreit auch wieder die restliche Familie mit – so laut es geht.

Ihre Beweglichkeit macht die Gibbons zu geschickten Sammlern, denen das Beste gerade gut genug ist. Doch ihr Tag ist anstrengend. Schon am frühen Nachmittag ziehen sie sich zur Körperpflege und Ruhe auf die Schlafäste zurück.

Gerade das Gegenteil vom lebhaften Gibbon ist der Plumplori. Er gehört zu den Halbaffen. Loris sind possierliche Tiere, deren Spezialität es ist, sich äußerst bedächtig und langsam zu bewegen. Dadurch gelingt es ihnen, Insekten oder Vögel zu überrumpeln, ohne daß sie etwas von der nahenden Gefahr bemerken können. Jungtiere des kleinen Clowns ähneln eher weichen Plüschtieren als wilden Urwaldgeschöpfen. Loris können mit ihren nach vorn gerichteten Augen wie Menschen schauen. Ihr Mund scheint ständig zu

▷

Erwachsene Orang-Utans haben ein von Fettwülsten eingerahmtes Gesicht. Sie dienen als Nahrungsspeicher.

Wenn es dem Fisch im Meer zu ungemütlich wird . . .

... dann geht er aufs Land. Schlamm-springer klettern sogar auf Bäume. Ihre Kiemendeckel können Wasser speichern.

Wettkampf der Formen und Farben.

Hoch oben in den Bäumen öffnen die schönsten Blumen der Erde ihre Knospen – die Orchideen. Vanda coertuea (links außen) und Dneder superbum (links) sind anspruchslose Pflanzen. Zusammen mit anderen Epiphyten bilden sie sozusagen einen Blütenwald im Wald (unten).

grinsen. Ein weiteres Merkmal klassifiziert sie als Primaten: sie bringen nur ein Junges zur Welt, das sich an das Fell der Mutter festklammert und umhergetragen wird.

Die weitere »Verwandtschaft« des Menschen ist auf Borneo freilich nicht immer so schön wie Gibbons oder Loris. Geradezu häßlich ist der Koboldmaki. Kaum 15 Zentimeter lang, mit einem Quastenschwanz versehen, scheint dieser Primat nur aus Augen zu bestehen. Sie sind im Verhältnis zur Größe des Tieres 150 mal größer als die des Menschen. Auch die hauchdünnen Ohren sind übergroß. Wer so gleichermaßen aus Sehen und Hören besteht, macht fette Beute unter Kleinsttieren und Insekten. Sein eigentümliches Aussehen brachte dem Koboldmaki unter den Eingeborenen einen schlechten Ruf ein. Begegneten sie ihm, deuteten sie es als Unglückszeichen.

Koboldmakis waren einst auch über Nordamerika und Europa verbreitet. Seit dieser Zeit sind rund 60 Millionen Jahre vergangen. Aber der Koboldmaki auf Borneo hat sich keineswegs verändert. Seine Beine, mit denen er sich von den Bäumen nach hinten abschubst, ähneln denen seiner Ahnen aufs Haar. Im Sprung dreht sich das Tier immer noch um 180 Grad, um mit den Beinen zu landen. Dabei hilft der lange Schwanz den Körper auszubalancieren.

Ein Leben zu Lande und zu Wasser: Die Schlammspringer können sogar auf Bäume klettern.

Zum Meer hin verwandelt sich der Dschungel in ein undurchdringliches Mangrovendickicht. Bei Flut von brakkigem Wasser umspült, ist das Wurzellabyrinth bei Ebbe ein wahres Schlaraffenland. Die stelzenartigen Wurzeln der Mangroven wirken wie ein Sieb auf Fluß- und Meerwasser. Zugleich dient das Wurzelgeflecht einer riesigen Heerschar von Winkerkrabben als Lebensraum. Die Männchen dieser Tierart haben statt eines Scherenpaares nur einen Scherenarm – jeweils rechts oder links. Im Gegensatz zu den Weibchen müssen sie einhändig fressen – während ihnen sonst die übergroße orangenfarbene Schere zum Imponieren bei der Partnerwahl dient. Vor dem Weibchen wird damit kräftig in der Luft herumgefummelt. Der Mangrovensumpf beherbergt ein seltenes Amphibientier – zwar Fisch, aber dennoch fähig, auf dem Land zu leben und sogar auf Bäume zu klettern: den Schlammspringer. Wie ein Nilpferd liegt das Tier im Wasser, nur die Augen ragen heraus. Er besitzt die Fähigkeit, Wasser in seinen Kiemen auf Vorrat zu tanken. Das reicht aus, um minutenlang auf dem Land Nahrung zu suchen oder auf eine Mangrovensprosse zu klettern. Bei Flut steigen die Schlammspringer gleich scharenweise aus dem Wasser und heften sich mit den Haftscheiben umgebildeten Brustflossen an die glatten Stämme.

▷

Wo das Wasser täglich sintflutartig vom Himmel fällt, leben die Wasservögel in einem Paradies. Der Saruskranich braucht nicht lange nach Beute zu suchen. Im schilfigen Ufer wimmelt es von Fröschen.

Südostasien ist die Heimat des Tigers.

Nicht alle Katzen sind wasserscheu. Für eine schmackhafte Beute macht der Tiger auch schon einmal einen Satz ins Wasser.

Abend im Dschungel: die einen sind satt, andere treibt der Hunger auf die Jagd.

Der Tiger schleicht sich am liebsten aus der Deckung an seine Beute heran (links). Mit vollgefressenen Kröpfen stehen Nimmersatte am Seeufer.

AUSTR

ALIEN

Ein Kontinent voll Kuriositäten – einer Tierwelt, die weit in die biologische Vergangenheit unserer Erde zurückführt.

Im a
Kont

ustralischen Busch.
inent der Känguruhs

Seit 50 Millionen Jahren vom Rest der Welt getrennt.

In Australien überlebten Lebewesen, die auf keinem anderen Kontinent mehr Verwandte haben – abgesehen von kleinen Vorkommen in Südamerika.

Als vor etwa zweihundert Jahren die englischen Siedler Australien erreichten, stellten sie erstaunt fest, daß auf dem Inselkontinent, vor allem was das Tierleben anbelangt, alles ganz anders war als in der fernen Heimat. Der Riesenvogel Emu konnte nicht fliegen, die Schwäne waren schwarz und fast alle Säugetiere trugen ihre Jungen in einer Bauchtasche. Die in Australien beheimateten Säugetiere sind Beuteltiere. Zu ihnen gehören Rotes und Graues Riesenkänguruh, aber auch die winzige Beutelmaus. Vor Jahrmillionen war die ganze Welt mit Beutlern bevölkert, bis in einem späteren Erdzeitalter die Landbrücke zwischen Australien und Südostasien versank. Während auf den übrigen Kontinenten höher entwickelte Tiere entstanden und sich ausbreiteten, starben die Beuteltiere aus; lediglich in Australien blieben sie erhalten.

Man nennt Australien oft das Land der lebenden Fossilien. Daß sich so alte Tierformen wie die Beuteltiere auf dem Inselkontinent erhalten konnten, liegt sicher weitgehend auch an der Eigentümlichkeit ihrer Vermehrung. So verbringt der Känguruh-Nachwuchs nur 30 bis 40 Tage im Mutterleib, und verläßt ihn noch als Embryo wie ein nackter »Wurm« von knapp zwei Zentimeter Länge. Blind und tapsig kriecht der Winzling durch das Bauchfell der Mutter sicher in den Beutel. Dort heftet er sich an eine Zitze und ist nur mit Gewalt wieder abzunehmen.

Im Schutz des Beutels entwickelt sich der Embryo zu einem springlebendigen Känguruh. Etwa ein halbes Jahr bleibt es in der Tragtasche. In dieser Zeit nimmt es die känguruhtypische Gestalt an und bald reckt es zum ersten Mal den Kopf aus dem Beutel. Jetzt mag es zwischen zwei und vier Kilogramm wiegen. Von nun an lebt es

Wenn Gefahren drohen, springt das junge Känguruh einfach in den Beutel der Mutter. Kopfüber.

abwechselnd mal in der Tragtasche, mal außerhalb, zwischen selbständigem Grasknabbern und Säugen. Bei Gefahr springt es kopfüber in die schützende Tasche, dreht sich um und läßt die Beine heraushängen. Dadurch hat ein größeres Junges bei den kraftvollen Fluchtsprüngen der Mutter den besten Halt.

Die Riesenkänguruhs können auf der Flucht bis zwölf Meter weit und drei Meter hoch springen. Diese gewaltigen Sätze ermöglichen ihnen die großen, kräftigen Hinterbeine. Bei langsamer Fortbewegung, vor allem bei der Nahrungssuche, bewegen sich Känguruhs gewissermaßen mit drei Hinterbeinen, denn der sehr muskulöse Stützschwanz stemmt den Körper bei jedem Schritt nach vorn.

Die Roten und Grauen Riesenkänguruhs lieben die Geselligkeit und leben zumeist in größeren Herden. Vor allem in der Paarungszeit kommt es unter den männlichen Tieren zu grotesken Kämpfen um die Rangordnung. Sie hüpfen hochaufgerichtet umeinander, führen erst Scheingefechte mit den »Fäusten«, um dann im rechten Augenblick dem Gegner einen harten Boxhieb zu verpassen.

Zu den possierlichsten Geschöpfen Australiens gehört der Koalabär, Vorbild des Teddybären. Zoologisch hat er nichts mit der Bärenfamilie zu tun, denn auch er gehört zu den Beuteltieren. Die Koalas sind dem Leben auf Bäumen perfekt angepaßt. Sie klettern mühelos hohe Stämme hinauf und springen geschickt wie Affen von Ast zu Ast. Wie die meisten Beuteltiere sind auch die Koalas nachts aktiv. Die Tages-

Bis vor 150 Jahren ein ungestörtes Paradies.

Der Koala (rechts unten) und die zahlreichen Känguruharten – allen voran das Wallaby (rechts) – litten besonders stark unter der teilweise auch heute noch andauernden Verfolgung. Lediglich der »Lachende Hans« (unten), eine Eisvogelart, hat seine Bestandszahlen halten können.

hitze verschlafen sie oft in einer Astgabel, den Rücken an den Stamm gelehnt.

Im Gegensatz zu den Känguruhs bleibt das Koala-Kind nur kurze Zeit im Beutel, danach trägt es die Mutter auf dem Rücken oder in ihren Armen spazieren – ganz so wie eine Menschen-

Koalas sind possierliche Bewohner der Eukalyptuswälder. Sie tragen ihr Kind auf dem Rücken.

mutter ihr Kleinkind. Bei den Kletterpartien lernt es die besten Nahrungsplätze kennen. Von den mehr als 400 Arten der Eukalyptusbäume verzehren die Koalas nur das Laub von etwa 10 Sorten. Das erschwert die Haltung dieser Publikumslieblinge in Zoologischen Gärten, weil man genau diese Blätter, jeden Tag frisch und in ausreichender Menge herbeischaffen muß.

Das wollig-dichte Fell der Koalas duftet nach Eukalyptus. Kein Ungeziefer kann sich darin halten. Die Koalas kön-

Schneeweiß und traumhaft schön.

Im Gegensatz zu anderen Seeschwalben legt die Feenseeschwalbe ihre Eier einfach auf den nackten Astgabeln eines Baumes ab, ohne sich ein festes Nest zu bauen. Manchmal ist der »Nistplatz« so klein, daß sich der Vogel nicht richtig niederlassen kann, sondern halb hockend brüten muß.

nen auf Wasser verzichten, da sie die notwendige Feuchtigkeit der Blattnahrung entnehmen. Koala bedeutet in der Eingeborenensprache »Ich trinke nicht«.

Wegen ihres schönen Pelzes wurden die harmlosen und völlig wehrlosen Koalas bis vor 40 Jahren rücksichtslos verfolgt. Noch im ersten Viertel unseres Jahrhunderts wurden schätzungsweise zehn Millionen Koalas umgebracht. Viele starben als lebende Plüschtiere in europäischen Kinderzimmern. Heute garantieren Gesetze ihren Schutz.

Von all den erstaunlichen Lebewesen des fünften Kontinents hat keines den Menschen bei seiner Entdeckung mehr verblüfft als das Schnabeltier. Man hielt die ersten Exemplare, die ausgestopft nach Europa kamen, für eine geschickte Zusammensetzung aus verschiedenen Tieren. Ein Pelztier mit Entenschnabel war nach damaliger Vorstellung überhaupt nicht denkbar. Der Schwanz des Schnabeltiers gleicht einem Biberschwanz, ist aber nicht geschuppt, sondern dicht behaart. Die Vorderfüße sind ähnlich ausgebildet wie bei unserem Fischotter, nur mit bedeutend längeren und breiteren Schwimmhäuten, die sich hervorragend zum Paddeln eignen. Der relativ weiche Schnabel ist biegsamer als ein Entenschnabel. Er dient unter anderem zum Durchwühlen des schlammigen Grundes in Bächen, Flüssen und Teichen. Obwohl sich das Schnabeltier auch an Land flink bewegt, haben Landgänge lediglich den Zweck, andere Futterplätze zu erreichen.

Die Heimat des Schnabeltiers sind die Gewässer des östlichen Australien, vom subtropischen Queensland bis hinab zur Insel Tasmanien.

Das Schnabeltier vereint in sich we-

Ein Schnabel wie ein Vogel, ein Herz wie ein Säugetier und Fortpflanzungsorgane wie ein Reptil.

sentliche Eigenschaften von Säugetier, Vogel und Reptil. Das Weibchen legt Eier, brütet sie in einer Wohnhöhle aus und ernährt die geschlüpften Jungen mit Muttermilch. Aber nicht etwa durch Milchdrüsen, vielmehr saugen die Kleinen den lebensnotwendigen Saft durch die Haut. Eine weitere Merkwürdigkeit besteht darin, daß die Schnabeltiere das Herz eines Säugetiers, aber Fortpflanzungsorgane wie Reptilien haben. Der Urin, der Kot und der männliche Samen, bei den Weibchen die Nachkommenschaft, kommen aus ein- und derselben Öffnung. Sie gehören damit zu den urtümlichsten Säugetieren, sogenannten Kloakentieren.

Die Buschzone des fünften Kontinents wird von seltsamen Reptilien bewohnt. Viele Absonderlichkeiten sind bei der Kragenechse vereint. Das gefährlich aussehende, aber recht harmlose Geschöpf trägt einen Riesenkragen, der hoch aufgerichtet eine imponierende Wirkung hat und dafür geschaffen ist, Feinde und Nebenbuhler zu erschrecken. Revierkämpfe finden oft in Gegenwart eines Weibchens statt. Dann stolziert der Sieger um sie herum. Eilt sie davon, folgt er ihr; je schneller er läuft, desto höher richtet er sich auf den Hinterbeinen auf und bald eilt der kleine Drachen mit senkrecht gehaltenem Oberkörper, wobei der lange Schwanz das Gewicht ausbalanciert. So zeigt er in Miniatur das gleiche Bild,

Wallnister heizen das Nest mit Eukalyptus-Blättern. Der Hahn kontrolliert die Wärme im Erdbrutschrank.

wie es in vergangenen erdgeschichtlichen Epochen die riesigen Dinosaurier boten.

Ebenso bemerkenswert ist das Vorkommen von Schlangen in Australien. Es gibt ungefähr 140 Arten. Davon sind fast 80 Arten mehr oder weniger giftig, und einige können auch Menschen gefährlich werden. Dennoch sind Todesfälle durch Schlangenbisse relativ selten. Die Teppichschlange und eine Pythonart werden in der Nähe von Farmen gern gesehen, denn sie vertilgen Mäuse, Ratten und Kaninchen.

Auch die Vogelwelt Australiens weist ungewöhnliche Spezialisten auf. Eines der auffälligsten Geschöpfe ist der Emu, neben dem Massaistrauß der zweitgrößte Vogel der Erde. Mit dem Känguruh gehört er zu den beiden Wappentieren des Staates. Bei diesem Straußenvogel, der die stattliche Größe von 1,50 Meter erreicht, ist die Werbung Sache der Frauen. Das Weibchen ruft in der Paarungszeit nach Männern und trifft seine Wahl unter zahlreichen Hähnen. Sind die Eier gelegt, hat das Emuweibchen bereits seinen Anteil für den Nachwuchs getan. Der verlassene Emuhahn muß das Gelege alleine betreuen und die nach knapp zwei Monaten schlüpfenden Jungen führen. Er macht das genauso gut wie eine aufopferungsbereite Vogelmutter. Bei Gefahr eilt der Emuvater in gut gespielter Flucht davon, während sich die Küken im Gras verbergen und dort durch ihre Tarnfarbe für ihre Feinde unentdeckt bleiben.

Zu den Vogelwundern Australiens gehören auch drei truthahnähnliche Vogelarten, die zur Ablage ihrer Eier umfangreiche Erdbauten errichten, bis zu fünf Meter hoch und 15 Meter breit. Keine andere Vogelart macht sich solche Mühe. Der Wallnister zum Beispiel scharrt zu Beginn des australischen Frühlings, wenn es also auf der anderen Seite der Erdkugel Winter wird, Eukalyptuszweige und Blätter in die Brutschrankgrube und scharrt einen hohen Sandberg darüber, wodurch im Innern Fermentierungswärme entsteht. Ungefähr alle acht bis zwölf Tage legt die Henne ein Ei. Nur für die Eiablage beteiligt sich die Henne am Öffnen des Brutschranks, nach der

Ein Vogel, der Säge und Eisenbahn täuschend ähnlich imitieren kann: der Leierschwanz.

Eiablage aber läuft sie fort und der Hahn schließt allein den Brutschrank und schichtet einen Sandberg darüber. Weil die Wärme im Brutschrank unter allen Umständen konstant bleiben muß, prüft der Hahn jedesmal nach dem Öffnen des Brutschranks die Temperatur des Geleges, offenbar mit der Zunge bei geöffnetem Schnabel.

Wer Australien nicht kennt oder nur wenig davon weiß, stellt sich den fünften Kontinent zum allergrößten Teil aus trostloser Wüste, kahlen Gebirgen oder trockener Steppe vor. Aber kaum ein Drittel des Erdteils entspricht dieser

Der kleinste Kontinent – ein Vogelparadies.

Neben den Beuteltieren kennzeichnet der Emu (links), ein flugunfähiger Laufvogel von fast Straußengröße, die eigenständige Tierwelt des Erdteils. Regenbogenloris (links außen) und Woddieseeschwalben gehören ebenfalls zur reichen Vogelfauna der australischen Region.

Vorstellung. Mag die Vegetation in weiten Landesteilen auch noch so dürftig sein – das heiße Hinterland Australiens ist keine Sahara. Wo an den Küsten im Osten und Süden Gebirgsketten die vom Meer heranziehenden Wolken abfangen, dehnen sich über weite Entfernungen dichte und manchmal kaum zu durchdringende Urwälder aus. Die küstennahen Urwälder des Staates Viktoria bilden faszinierende »Treibhäuser«. Am Boden dichtes Gestrüpp, bis zu sieben Metern überragt von herrlichen Baumfarnen und all das im Schatten von Eukalyptus regnans, dem Giganten der so zahlreichen Eukalyptusarten.

Dieser Märchenwald ist die Heimat des Leierschwanzes. Der heimliche Vogel hat die Größe und Gestalt eines Fasans, doch sein Gefieder ist um ein Vielfaches prächtiger. Der Hahn singt nicht nur sein eigenes bezauberndes Lied, er kann alles täuschend ähnlich imitieren, was an Liedern und Tönen in seinem Urwaldrevier auf ihn eindringt. Es gibt keinen Vogel in seiner Nähe, den er nicht fehlerlos imitiert. Auch das Kreischen einer Motorsäge, die Signalpfiffe der Eisenbahn oder hupende Fahrzeuge werden in verblüffender Weise nachgeahmt.

Nach seiner Entdeckung im Jahr 1798 waren die ersten Siedler von diesem Zaubervogel so begeistert, daß sie glaubten, er sei aus dem Paradies übriggeblieben. Die leierförmigen, langen Federn im Schwanz gaben ihm den heutigen Namen. Aber dann erwiesen sich die ungewöhnlich schönen leierförmigen Schwanzfedern als Verkaufsschlager der Hutmode. Das führte dazu, daß die Vögel lange Zeit hindurch rücksichtslos verfolgt wurden. Seit mehr als 30 Jahren ist der Leierschwanz in ganz Australien jedoch streng geschützt. Nicht allein in sorgsam betreuten und sehr weiträumigen Naturschutzgebieten lebt er heute ungestört. Der Leierschwanz wurde zum Liebling der Nation, und wer ihm nachstellt, muß mit empfindlicher Bestrafung rechnen. So wird der Tänzer mit den 1000 Stimmen Australien erhalten bleiben, ebenso wie Känguruh, Koala, Schnabeltier oder Schnabeligel.

▷

In Riesenschwärmen bevölkert der Rosakakadu den australischen Busch. Wenn Kakadus nicht in den Bäumen nisten können, suchen sie sich verlassene Kaninchenbauten zum Brüten.

Verborgen im Schatten des Waldes.

Der Kasuar, ein dem Emu verwandter Laufvogel, bewegt sich unauffällig durch schattiges Sumpfgelände. Sein borstenartiges Federkleid schützt ihn vor dornigem Gestrüpp.

Das 2000 Kilometer lange Riff vor der Nordostküste Australiens enthält genügend Kalkstein, um davon acht Millionen ägyptische Pyramiden zu bauen.

Buntes M

Das große Riff. ärchen aus Korallen

Wie Edelsteine auf blaugrüner Seide liegen die Riff-Inseln im Meer.

Ein Reich voller Wunder und Herrlichkeiten: Das größte Bauwerk, das je von Lebewesen geschaffen wurde, beherbergt in seinen unzähligen Grotten und Schluchten, Höhlen und Spalten, Teichen und Tümpeln eine gigantische Vielzahl von bekannten und unbekannten Tieren: schwimmende, schwebende, kriechende und bohrende Meeresbewohner.

Wo im Lauf von Jahrmillionen die Küste des nordöstlichen Australiens im Pazifischen Ozean versank, haben Myriaden von Korallen das größte organische Bauwerk der Erde errichtet – das Große Barriere-Riff. Der Kontinentalsockel erstreckt sich auf 200 000 Quadratkilometern in einer Tiefe von 55 bis 180 Meter unter dem Meeresspiegel. Ein 2 000 Kilometer langes und durchschnittlich nur 100 Kilometer breites Band liegt im türkisen Wasser vor der australischen Küste.

Die Baumeister des gigantischen Walls sind winzige Tiere, federleichte Korallenpolypen. Ein einzelner Polyp in seiner Kalksteinhülle ist ein kaum sichtbares winziges lebendes »Steinchen«, doch im Verbund mit Milliarden anderer formen die Korallen farbenprächtige Gebilde, die Blumenteppichen sehr ähnlich sind. Tatsächlich hielt man die Korallen jahrhundertelang für Meeresblumen – gefährliche Blumen allerdings. Korallenriffe waren der Schrecken der Seefahrt, an denen zahlreiche Segelschiffe zerbarsten und in die Tiefe sanken, wo die Wracks noch heute an Piratenabenteuer und Entdekkerromantik erinnern.

Dem »Blumenmärchen« bereitete der berühmte Naturwissenschaftler Charles Darwin ein Ende. Während seiner großen Forschungsreise in der Südsee lüftete er das Geheimnis, wie die Koralleninseln aus dem Meer wachsen.

Auf dem Kalkskelett ihrer Vorfahren bauen sich Korallenpolypen ein winziges Röhrenhaus.

Darwins Erklärung löste das Problem so gründlich, daß nachfolgende Wissenschaftler nur noch ergänzende Arbeit leisten konnten.

Es gibt insgesamt 2 500 Arten der Korallenpolypen, aufgeteilt in zwei große Gruppen: Riffkorallen und Tiefseekorallen. Die Inseln, Gebirge und Riffe, welche Korallen bilden, bestehen aus den kalkigen Skeletten der winzigen Polypen. In der selbstgefertigten Hülle, einem Schneckenhaus vergleichbar, sind sie in großen Kolonien vereint. In engster Nachbarschaft von Milliarden und Billiarden Artgenossen strecken die festgewachsenen Fleischfresser ihre beweglichen Tentakeln nach vorbeischwimmender Nahrung und wedeln so tierisches Plankton in ihren Polypenschlund. Jede Skelettschicht abgestorbener Korallen dient einer nächsten als Verankerung fürs eigene Wachstum. So klettert das Korallengebilde von Stufe zu Stufe, Schicht um Schicht langsam bis zur Meeresoberfläche empor. Hier ist der Bau zu Ende, über dem Wasser sterben die Polypentiere.

Trotzdem gibt es Koralleninseln, die tausend Meter in die Luft ragen. Auch dieses Phänomen konnte Darwin erklären. Diese Korallenberge wuchsen nicht über dem Wasser, sondern wurden durch Vulkaneruptionen plötzlich in die Höhe katapultiert oder hoben sich langsam durch Erdverschiebungen aus dem Wasser. Umgekehrt versanken häufig Vulkaninseln im Meer. So entstanden zahllose Atolle der Südsee, wo sich an den steilabfallenden Flanken lebende Korallen ansiedelten und entlang der Küste Riffe bildeten. Als die Inseln versanken, schneller als Korallen sich aufbauen konnten, blieb nur der

Algen lassen die Korallenbänke gleich doppelt so schnell wachsen. Sie liefern den Polypen Nahrung.

Ring des Korallenriffs stehen, eine kreisförmige Lagune. Die starke Meeres-Brandung brach Lücken in den Korallenkreis – ein Atoll war entstanden. Messungen ergaben, daß die versteinerten Korallenbänke der Südsee bis 1 500 Meter in die Tiefe reichen.

Was Darwin nicht wußte, weil ihm Mikroskope zur tausendfachen Vergrößerung fehlten, konnten erst For-

Märchenhafte Farben und exzentrische Formen.

Die bunte Signalzeichnung der Fische ist für die Artgenossen bestimmt: Halt, hier ist schon einer, der das Revier besetzt hält! Unbeeindruckt von dieser Farbenorgie rudert eine Seeschildkröte (oben) vorbei – das greisenhafte »Gesicht« ausdruckslos wie Stein.

scher der Neuzeit entdecken – die Symbiose der Korallenpolypen mit den Zooxanthellen. Das sind einzellige, kugelförmige Algen, die ihr Leben in der Hautinnenschicht des Polypen verbringen. Ohne diese Algen kann das Tier nicht existieren, und ebenso ist es umgekehrt. Beide Lebewesen sind voneinander abhängig. Der Polyp erhält von den winzigen unzähligen Zooxanthellen Sauerstoff und Nährstoffe. Als Gegenleistung liefert der Polyp den Zooxanthellen Kohlendioxyd, Stickstoff, Phosphor und Spurenelemente. Was der Korallenpolyp an Abfall produziert, dient der Alge als Lebensgrundlage. Befreit von allem Ballast verwendet der Polyp seine ganze Energie aufs Wachsen. Der Polyp bildet sein Skelett durch kalkige Ausscheidungen seines Körpers, ähnlich wie die Schnecke ihr Haus. Die Korallen vermehren sich sowohl ungeschlechtlich durch fortschreitende Gabelung und Knospung als auch geschlechtlich durch die Produktion winziger Larven.

Jeder Polyp ist ein Tier für sich, aber fast alle Arten können sich nur in enger Gemeinschaft mit Millionen anderer festgewachsener Korallentiere entwickeln. Das Wachstum einer Koralle ist abhängig von der Art, der Wassertiefe und der Temperatur. Das durchschnittliche Wachstum aller Riffkorallenarten beträgt pro Jahr nicht mehr als 15 Millimeter. Geweihkorallen schaffen pro Jahr immerhin 60 Millimeter.

Tiere, die wie Blumen aussehen: Vornehmlich nachts strecken die Polypen ihre giftigen Tentakeln aus.

Wesentlich langsamer als Geweihkorallen wachsen massive Korallen, wie die Porites-Arten. Sie haben sehr kleine Polypen. Über 60 Tierchen haben auf einem Quadratzentimeter Platz. Bei einem Korallenblock von fünf Metern Höhe und sechs Metern Durchmesser sitzen demnach 100 Millionen Polypen auf der Oberfläche!

Es ist unmöglich die Vielfalt der Formen zu beschreiben. Sie nehmen die

Das achte Weltwunder liegt unter Wasser.

Lebende Korallenstöcke schimmern in unzähligen Farbschattierungen – nur abgestorbene Korallen sind kalkweiß. Milliarden, ja Billionen toter Skelette errichteten hier ein Bauwerk, dessen Fläche nur wenig kleiner ist als die der Bundesrepublik Deutschland.

Gestalt von Bäumen, Büschen, Schüsseln, Platten, Fächern, Nelken, Vogelfedern, Geweihen und anderer bizarrer Gebilde an. Sie schimmern in allen Schattierungen der Farbskala. Die herrlich leuchtenden Farben der Riffkorallen sind aber nur bei lebenden Tieren zu beobachten. Tote Korallenstöcke sind fast immer grau, weiß, gelblich oder blaßrosa.

Die lebende Schicht einer Korallenbank ist nicht mehr als eine dünne Haut über dem Skelett toter Tiere. Stürme brechen Teile aus Korallenblöcken und rollen sie auf das Riff. Die Schutthalden zerfallen im Lauf der Zeit zu körnigem Korallensand. Krebse bevölkern als erste die neue Koralleninsel. Seevögel lassen sich nieder und verbreiten mit ihren Exkrementen die Samen für eine bescheidene Vegetation. Nach einigen tausend Jahren ist Humusboden entstanden, Büsche, Bäume und Palmen haben sich angesiedelt. Wenn Sturmfluten und Taifune wieder allen Pflanzenwuchs vernichten, muß der Aufbau von neuem beginnen. Je höher die Insel gewachsen ist, desto geringer die Gefahr der Zerstörung.

Ein Tauchgang in einem Korallenriff gehört zu den begeisternsten Exkursionen im Tierreich. Eine verwirrende Fülle von Formen und Farben. Grellbunte Fischschwärme, gejagt und selbst jagend. Haie wie Torpedos, Rochen wie flatternde Teppiche, Schildkröten, so groß wie Tischplatten. Die gelben, roten, blauen, grünen Farbtöne der Fische sind nicht Laune der Natur, die ausgefallenen Musterungen und Farben der Korallenfische haben Signalfunktion. Sie zeigen der Konkurrenz,

Hygiene unter Wasser: Putzerfische – die »Zahnbürsten« der Barracudas – fressen Parasiten und Reste.

welche Korallenbereiche bereits besetzt sind. Die Flecken, Streifen und Farbschattierungen auf dem Fischkörper dienen der Tarnung, sie lassen die Konturen zwischen Fisch und Umgebung verschwimmen.

Fische, die sich sonst als Jäger und Beutetiere gegenüberstehen, verkehren in völliger Harmonie miteinander. Die kleinen »Putzerfische« zum Beispiel, die normalerweise von Zackenbarschen, Barracudas und anderen »Großen« als Beute betrachtet werden, sind hier gern gesehene Gäste, die den Raubfischen schmarotzende Asseln und Ruderfüßler vom Körper zupfen. Die schlanken Putzerfische schwimmen in die geöffneten Kiemen und sogar in das aufgesperrte Maul der Raubfische. Ein Reinigungszeremoniell, das allen Beteiligten hilft: die großen Fische

Das Korallenriff – eine gewaltige Biomasse der tropischen Meere.

Kugeln und Sterne, Blattwedel und wehende Haarschöpfe, Waben und Zylinder – der Formenreichtum ist unbeschreiblich.

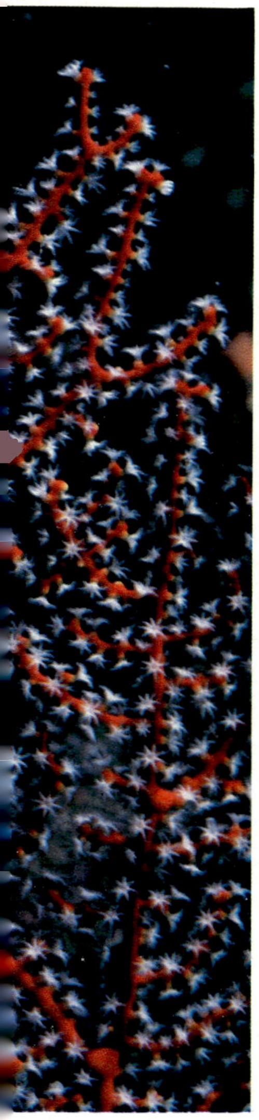

Schatzkammern wie aus 1001 Nacht.

Es gibt für Taucher kein schöneres Erlebnis, als die stille Märchenwelt eines Korallenriffs zu entdecken: Tiere, die Plankton fressen und aussehen wie Blumen und Hecken aus »Hirschgeweihen«. Andere bilden »Fliederbüschel«, »Orgelpfeifen« und »Champignons« – ein bizarres, absonderliches Reich der Seesterne und Fische.

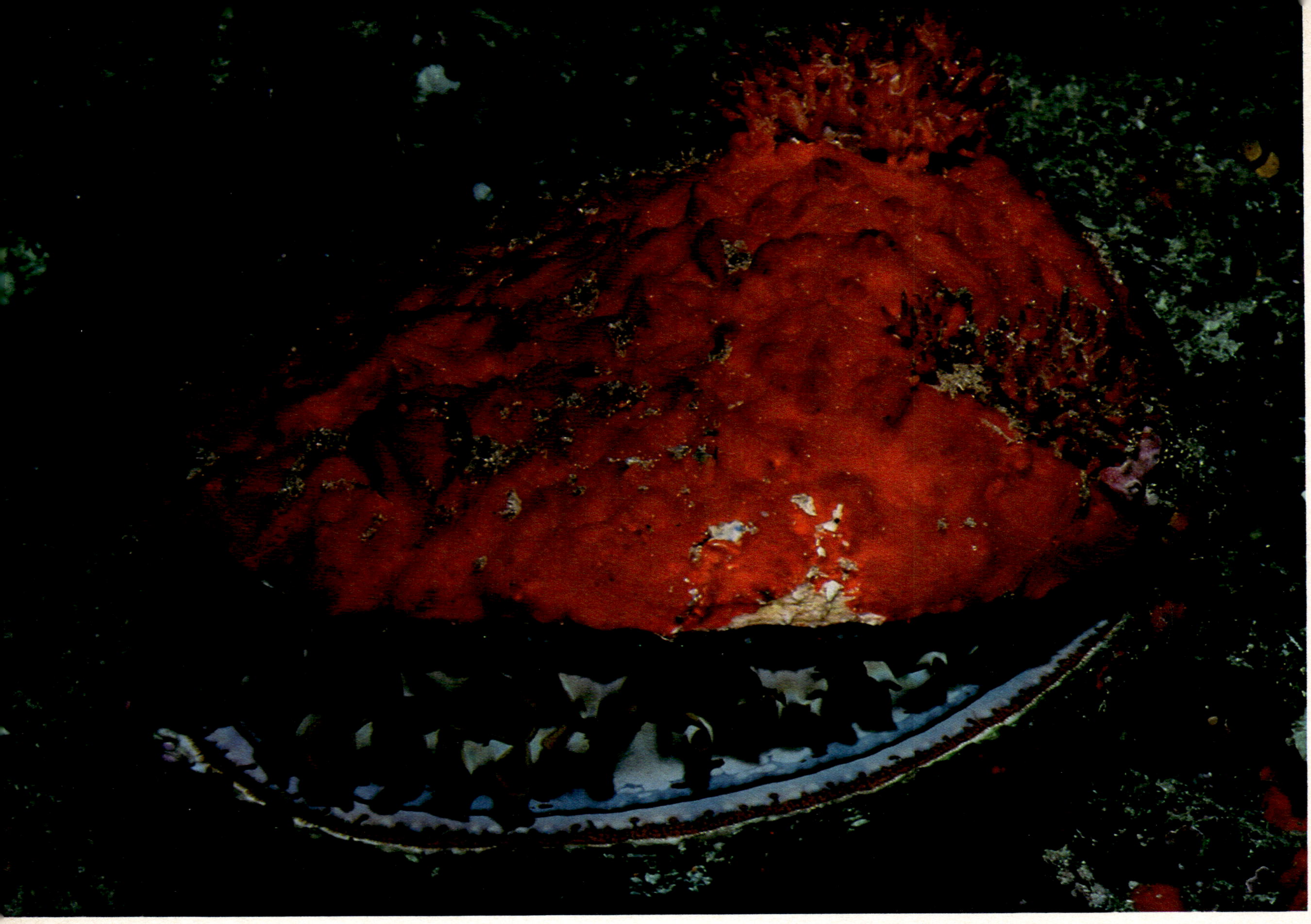

werden von Parasiten befreit, die kleinen finden reiche Nahrung. Im Riff gibt es mehrere Raubfischarten, die auch dem Menschen gefährlich werden können. Hobbytaucher, die den Fischbestand in der Korallenwelt durch ungezügelte Harpunenjagd empfindlich dezimiert haben, wissen ein Lied davon zu singen. Begegnungen mit Haien sind häufig. Es gibt 250 Haiarten, vom Zwerg, der kaum 15 Zentimeter lang wird, bis zum Giganten, dem 20 Meter langen Walhai. Gerade der ist jedoch ein harmloser Planktonfresser, der dem Menschen nie gefährlich wird. Etwa zehn Arten können dem Menschen lebensgefährlich werden. Jährlich fallen 300 Menschen Haiangriffen zum Opfer. Diese Fische deshalb jedoch als blutrünstige »Mörderhaie« abzustempeln, ist barer Unsinn.

Den Großen Barracuda bezeichnen viele wegen seines Aussehens und seiner Jagdweise als den Hecht des Meeres. Barracudas halten sich gern am Rand des Korallenriffs auf und warten auf Beute. Fast reglos halten sie Ausschau – für den Beutefisch durch die gute Tarnung kaum erkennbar. Nähert sich ein Anchovisschwarm, schießt der Barracuda blitzschnell ins Gewimmel,

Wundersame und gefährliche Riffbewohner.

Trotz aller Schönheit und Herrlichkeit ist das Riff zum Träumen nicht der rechte Ort. Neben Tigerhaien und Seeschlangen, Rochen und Muränen bevölkern giftige Quallen, Schnecken und Muscheln das empfindliche Bauwerk aus steinernen Tierhüllen. Für Taucher gilt daher die Regel: Nichts anfassen!

schnappt sich einen Fisch und verschlingt ihn an Ort und Stelle. Gelassen verharrt er dann wieder in seiner Lauerstellung und wartet auf eine neue Jagdgelegenheit.

Anglerfische, Seeteufel und Rochen ruhen zwischen den Korallenstöcken auf dem Boden und überraschen kleine Fische und Garnelen. Der Anglerfisch sperrt sein Maul auf und lockt seine

Die riesige Biomasse im Riff lockt auch die mächtigen Tigerhaie. Nicht ungefährlich für Taucher.

Beute mit einem wurmartigen Hautfortsatz an, den er wie einen Köder hin und her schwenkt.

Die Muränen zählen zu den gefürchtetsten Räubern des Korallenriffs. Ihre Größe pendelt um die 150 Zentimeter, doch wurden schon Exemplare von drei Meter Länge beobachtet.

Die Seeschlange ist ein recht häufiger Bewohner des Riffs. Bei diesem perfekt ans Meeresleben angepaßten Reptil sitzt die Nasenöffnung auf dem Schnauzendach und der Schwanz ist seitlich abgeplattet. Seeschlangen erreichen eine Länge von zwei Metern und mehr. Von Zeit zu Zeit müssen sie an der Wasseroberfläche Luft schöpfen. Ein furchterregendes Wesen im Barriere-Riff ist der Teufelsrochen, als Knorpelfisch ein Verwandter der Haie. Die Spannweite seiner Brustflossen kann fünf bis acht Meter betragen. Rochen sehen aber nur so gefährlich aus. Sie fressen Plankton und Kleinfische.

Zu den interessantesten Inselbesuchern gehören die Meeresschildkröten, von denen es drei Arten im Riffgebiet

Vier Zentner schwer werden die Grünen Meeresschildkröten. Sie sind die größten Tiere im Riff.

gibt: die Grüne Meeresschildkröte oder Suppenschildkröte, die Karettschildkröte und die Unechte Karettschildkröte. Die Grüne Meeresschildkröte ist mit ihrem Vier-Zentner-Leib das größte Tier auf dem Barriere-Riff. Wegen ihres schmackhaften Fleisches wurde sie früher in Massen getötet. Die Karettschildkröte lieferte das begehrte und hochbezahlte Schildpatt. Glücklicherweise erkannte man in Australien rechtzeitig die Ausrottungsgefahr und stellte die Tiere vor dreißig Jahren unter strengen Schutz.

Neue Forschungen haben ergeben, daß die Meeresschildkröte im Verlauf einer Legeperiode mehrfach zur Eiablage an den Strand kommen, und dabei 50 bis 200 Eier vergraben. Schildkröten kennen keine Brutpflege und die Jungen sind extreme Nestflüchter. So schnell es die winzigen Flossenfüßchen erlauben, strampeln sie durch den Sand der Eigrube an die Oberfläche. Die angeborene Orientierung weist ihnen den kürzesten Weg zum Meer. Es sind Minuten höchster Gefahr. Seevögel und große Krabben holen sich die leichte Beute und verspeisen die weichschaligen, kaum fingerlangen Jungtiere. Nur der zehnte Teil gelangt in sein eigentliches Element, wo auch noch zahlreiche Räuber auf die Schildkrötjungen lauern. Man nimmt an, daß nur zwei bis drei Prozent der Jungtiere heranwachsen und zur Fortpflanzung gelangen.

▷

Mit der Pracht eines Orientteppichs leuchten die Korallengärten – bunt an ihnen sind jedoch nur die winzigen Polypen, die in der obersten Schicht des »Kalkgebirges« leben.

Register

(Die Zahlen beziehen sich auf die Seiten der Abbildungen)

Verzeichnis der Naturfotografen

(Die Zahlen beziehen sich auf die Seiten)

Seite **2/3:** Seeschwalben, Foto: Schubert; **4/5:** Füchse, Foto: Winsmann; **6/7:** Giraffen, Foto: Reinhard; **8/9:** Steinkauz, Foto: Hüttenmoser; **10/11:** Kaffernbüffel, Foto: Hagen; **12/13:** Haubentaucher, Foto: Wiechmann; **14/15:** Schneeziegen, Foto: Derksen; **16/17:** Geparden, Foto: Hagen; **18/19:** Brandenten, Foto: Quedens; **20/21:** Vicuñas, Foto: Ziesler; **22/23:** Austernfischer, Foto: Wiechmann; **24/25:** Sonnentau mit Libelle, Foto: Nuridsany & Pérennou; **26/27:** Silbermöwen, Foto: Derksen; **28/29:** Großer Panda, Foto: Dolder; **30/31:** Kurzschnabelgänse, Foto: Wernicke; **34 l.:** Partsch; **34 m.:** Maier, R.; **34 r.:** Dolder; **36/37:** Quedens; **38 o.:** Müller, W.; **38 u.:** Wothe; **38/39 o.:** Dolder; **38/39 u.:** Ziesler; **39 o.:** Danegger; **39 u.:** Reinhard; **40/41:** Steinborn, E.; **42/43 o.:** Arndt; **42/43 u.:** Ziesler; **44 o.l.:** Breider; **44 u.:** Rüppell; **44/45 o.:** Rüppell; **44/45 u.:** Rüppell; **45 o.:** Rüppell; **45 u.:** Rüppell; **46/47:** Gruber, M.; **46 u.:** Sundin; **47 u.:** Bink; **48/49:** Müller, W.; **50/51:** Sundin; **50 u.:** Wernicke; **51 u.:** Steinborn, W.; **52 o.:** Ziesler; **52 u.:** Dossenbach; **53:** Gruber, M.; **54 o.:** Wiechmann; **54 u.:** Zeininger; **54/55 o.:** Zeininger; **54/55 u.:** Arndt; **55 u.:** Breider; **56 o.:** Weber, J.; **56 u.:** Zeininger; **56/57 o.:** Gruber, M.; **56/57 u.:** Partsch; **57 o.:** Bink; **57 u.:** Breider; **58 o.:** Pregler; **58/59:** Niesters; **59 o.:** Gruber, M.; **60/61:** Örtenblad/Fauna Foto; **62/63:** Layer; **64:** Wernicke; **65:** Pregler; **66 o.:** Quedens; **66/67 o.:** Wöhler; **66/67 u.:** Partsch; **67 o.:** Trötschel; **68/69:** Miech; **70:** Quedens; **70/71:** Höfels; **71:** Quedens; **72/73:** Wiechmann; **74/75:** Jacobs; **76/77:** Wernicke; **78:** Müller, W.; **78/79 o.:** Steinborn, W.; **78/79 u.:** Kerber; **80/81:** Quedens; **82:** Müller, K. F.; **83 o. l.:** Hirsch; **83 o. r.:** Steinborn, W.; **83 u.:** Breider; **84 u.l.:** Brandl; **84 u. r.:** Dittrich; **84/85:** Langer; **85:** Dossenbach; **86/87:** Schneiders; **88 o.:** Wothe; **88 u.:** Struffert; **89:** Löhr; **90/91:** Reinhard; **92:** Meyers, St.; **92/93:** Arndt; **93:** Meyers, St.; **94/95:** Pfletschinger; **96 o.:** Pfletschinger; **96 u.:** Pfletschinger; **97 o. l.:** Pfletschinger; **97 o. r.:** Pfletschinger; **97 u.:** Pfletschinger; **98 o.:** Dragesco; **98 u.:** Dragesco; **99 o.:** Dragesco; **99 u.:** Sundin; **100 o.:** Reinhard; **100/101:** Rüppell; **101 o. l.:** Menz; **101 o. r.:** Trötschel; **102/103:** Wiechmann; **104:** Trötschel; **105:** Trötschel; **106 o.:** Trötschel; **106 u.:** Trötschel; **106/107:** Trötschel; **107 o.:** Trötschel; **107 u.:** Trötschel; **108:** Trötschel; **108/109:** Trötschel; **109:** Trötschel; **110/111 o.:** Meyers, St.; **110/111 u.:** Danegger; **111 o.:** Morerod; **112/113:** Siegel; **113:** Trötschel; **114 o.:** Achberger; **114 u.:** Reinhard; **114/115 o:** Gruber, W.; **114/115 u.:** Geiger; **115 u.:** Wothe; **116/117:** Dittrich; **118 u.:** Wothe; **118/119:** Wothe; **119 u.:** Wothe; **120/121 o.:** Nyström/Fauna Foto; **120/121 u.:** Heintges; **121:** Hoffer; **122/123:** Dittrich; **124:** Schrempp; **124/125 o.:** Geiger; **124/125 u.:** Nuridsany & Pérennou; **126/127:** Geiger; **128:** Winsmann; **129:** Winsmann; **130/131:** Winsmann; **132/133:** Sundin; **134/135:** Dittrich; **136/137 o.:** Keuer; **136/137 u.:** Winsmann; **138:** Pollin; **138/139:** Sauer; **140/141:** Hirsch; **142/143 o.:** Sielmann-Produktion; **142 u.:** Gruber, M.; **142/143:** Wiechmann; **143 u.:** Steinborn, W.; **144/145:** Morerod; **146/147 o.:** Wiechmann; **146/147 u.:** Wiechmann; **147 o.:** Wiechmann; **147 u.:** Wiechmann; **148:** Heintges; **149:** Heintges; **150/151:** Wiechmann; **152 o.:** Trötschel; **152/153 o.:** Trötschel; **152/153 u.:** Wiechmann; **153 o.:** Curth; **154:** Wiechmann; **155:** Wiechmann; **156/157:** Wiechmann; **156 u.:** Wiechmann; **156/157 u.:** Trötschel; **158/159:** Trötschel; **160:** Trötschel; **161 o.:** Trötschel; **161 u.:** Trötschel; **162/163:** Rohdich; **164/165:** Kankel; **166 u.:** Kohlhaupt; **166/167 o.:** Schubert; **166/167 u.:** Eisenbeiss; **167 u.:** Kohlhaupt; **168/169:** Hüttenmoser; **169:** Eisenbeiss; **170/171:** Schubert; **172 o.:** Morerod; **172 u.:** Achberger; **172/173:** Höhne; **173:** Achberger; **174/175:** Schuler; **176/177:** Danegger; **178/179:** Höhne; **179 o.:** Morerod; **179 u.:** Zeininger; **180/181 o.:** Eisenbeiss; **180/181 u.:** Dragesco; **181:** Schuler; **182/183:** Dragesco; **184:** Hüttenmoser; **184/185 o.:** Morerod; **184/185 u.:** Hüttenmoser; **185:** Hüttenmoser; **186 o.:** Hüttenmoser; **186 u.:** Hüttenmoser; **187 o.:** Hüttenmoser; **187 u.:** Eisenbeiss; **188/189:** Ziesler; **190/191:** Layer; **192 o.:** Zeininger; **192 u.:** Ziesler; **193:** Hirsch; **194:** Ziesler; **195:** Dolder; **196/197:** Palaus; **198 o.:** Thielmann; **198 u.:** Bracht; **199:** Trötschel; **200:** Thielmann; **201:** Rohdich; **202 u.:** Ziesler; **202/203 o.:** Zeininger; **203 u. l.:** Ziesler; **203 u. r.:** Zeininger; **204/205 o.:** Curth; **204/205 u.:** Scheller; **205 o.:** Sauer; **206/207:** Maier, R.; **208 o.;** Dossenbach; **208 u.:** Reinhard; **208/209 o.:** Weyer; **208/209 u.:** Dolder; **209 o.:** Wothe; **209 u.:** Künkel; **210/211:** Weyer; **212 o.:** Weyer; **212/213:** Weyer; **213 o. l.:** Weyer; **213 o. r.:** Palaus; **214/215 o.:** Dittrich; **214/215 u.:** Dittrich; **215:** Dittrich; **216/217:** Dossenbach; **218:** Gruber, U.; **218/219 o.:** Gruber, U.; **218/219 u:** Weyer; **220 o.:** Müller, W.; **220 u.:** Heers; **220/221:** Weyer; **221:** Haas; **222/223:** Hagen; **224 o.:** Papst; **224 u.:** Dolder; **225 o.:** Dolder; **225 u.:** Dossenbach; **226/227 o.:** Reinhard; **226/227 u.:** Reinhard; **227:** Dossenbach; **228/229:** Künkel; **230/231 o.:** Künkel; **230/231 u.:** Künkel; **231:** Künkel; **232:** Dolder; **233 o. l.:** Geigl; **233 o. r.:** Dolder; **233 u.:** Dolder; **234 l.:** Künkel; **234 r.:** Künkel; **236/237:** Blum; **238 o. l.:** Hagen; **238/239:** Rasa; **239 o.r.:** Brandl; **240/241 o.:** Rasa; **240/241 u.:** Rasa; **241 o.:** Rasa; **241 u.:** Rasa; **242 o. l.:** Layer; **242/243 u.:** Layer; **244/245:** Künkel; **244 u.:** Hagen; **245 u.:** Hagen; **246 o.:** Dolder; **246 u.l.:** Paysan; **246 u. r.:** Dossenbach; **247:** Künkel; **248/249:** Gerster; **250/251 o.:** Dolder; **250/251 u.:** Dolder; **251 o.:** Dossenbach; **252 o.l.:** Wothe; **252/253 o.:** Wothe; **252/253 u.:** Dossenbach; **253:** Dossenbach; **254/255:** Gerster; **256 o.:** Dossenbach; **256 u.:** Dossenbach; **257:** Künkel; **258 o.:** Ziesler; **258 u.:** Griehl; **258/259 o.:** Hoffer; **258/259 u.:** Brunner; **259 o.:** Hirsch; **259 u.:** Meyers, St.; **260/261:** Derksen; **262/263 o.:** Derksen; **262/263 u.:** Derksen; **263 o.:** Derksen; **264 o.:** Derksen; **265 o.:** Derksen; **264/265:** Derksen; **266/267:** Derksen; **268 o.:** Derksen; **268/269:** Derksen; **269:** Derksen; **270/271:** Derksen; **272 o.:** Derksen; **272 u. l.:** Dolder; **272 u. r.:** Dolder; **273 o.:** Hoffer; **273 u.:** Meyers, St.; **274/275:** Derksen; **274 u.:** Sielmann-Produktion; **275 u.:** Dolder; **276:** Derksen; **277:** Fuhrer; **278/279:** Derksen; **280/281 o.:** Meyers, St.; **280/281 u.:** Fuhrer; **281 o.:** Derksen; **282/283:** Derksen; **284/285:** Dolder; **286/287 o.:** Brunner; **286/287 u.:** Brunner; **287 o.:** Derksen; **287 u.:** Brunner; **288:** Niesters; **289 o.:** Brunner; **289 u.:** Brunner; **290/291 o.:** Brunner; **290/291 u.:** Brunner; **291:** Dolder; **292/293:** Brunner; **294:** Dolder; **294/295:** Dolder; **295 u.:** Derksen; **296/297:** Pölking; **298:** Sauer; **298/299 u.:** Pölking; **299 o. l.:** Müller, W.; **299 o. r.:** Dolder; **300/301:** Pölking; **302 o.:** Dossenbach; **302 u.:** Dossenbach; **302/303:** Dossenbach; **303 o.:** Dossenbach; **303 u.:** Dossenbach; **304/305 o.:** Hirsch; **304/305 u.:** Ziesler; **306/307:** Pölking; **308/309:** Ziesler; **310/311 o.:** Ziesler; **310/311 u.:** Ziesler; **312/313:** Griehl; **314/315 o.:** Ziesler; **314/315 u.:** Ziesler; **315:** Ziesler; **316/317 o.:** Ziesler; **316/317 u.:** Ziesler; **317:** Ziesler; **318/319:** Ziesler; **320 o.:** Dolder; **320 u.:** Ziesler; **321:** Ziesler; **322/323 o.:** Lindblad; **322/323 u.:** Lindblad; **323:** Ziesler; **324/325:** Ziesler; **326/327 o.:** Patzelt; **326/327 u.:** Lindblad; **327:** Lindblad; **328 o.:** Ziesler; **328 u.:** Dolder; **328/329:** Patzelt; **329 o.:** Dolder; **329 u.:** Dolder; **330:** Ziesler; **331 o.:** Dossenbach; **331 u.:** Dossenbach; **332/333:** Lindblad; **334 o.:** Dolder; **334 u.:** Wothe; **334/335 o.:** Wothe; **334/335 u.:** Ponzar; **335 o.:** Dolder; **335 u.:** Dolder; **336/337:** Blassi/J.C.F.; **338/339 o.:** Ziesler; **338/339 u.:** Ziesler; **339:** Root/Okapia; **340/341:** Ziesler; **342:** Blassi/J.C.F.; **343 o.:** Ziesler; **343 u.:** Ziesler; **344 o.:** Ziesler; **345 o.:**Ziesler; **344/345:** Ziesler; **346/347:** Ziesler; **348/349:** Ponzar; **350/351 o.:** Ponzar; **350/351 u.:** Klages; **352:** Gruber, U.; **353 u.:** Gruber, U.; **353 o.:** Wothe; **354/355:** Klages; **356/357:** Dolder; **358:** Wöhler; **359 o.:** Gruber, U.; **359 u.:** Gruber, U.; **360/361:** Ponzar; **362/363:** Dolder; **364 o.:** Dolder; **364/365:** Dolder; **365 o.:** Dolder; **366/367:** Dolder; **368:** Lindblad; **368/369:** Lindblad; **369:** Lindblad; **370 o.:** Wothe; **370/371:** Uhlig; **371 o.:** Gruber, U.; **372/373 o.:** Dossenbach; **372/373 u.:** Lindblad; **374/375:** Sielmann-Produktion; **376/377:** Ziesler; **378 o.:** Bechtel; **378/379 o.:** Bechtel; **378/379 u.:** Berkensträter; **380/381:** Dolder; **382/383:** Dolder; **384:** Dolder; **385:** Wothe; **386 o.l.:** Dolder; **386 u.l.:** Dolder; **386/387 u.:** Berkemann; **387 o.:** Curth; **387 u.:** Dolder; **388/389:** Prenzel/Okapia; **390:** Dolder; **390/391:** Weiher; **391:** Dolder; **392:** Curth; **393:** Curth; **394 o.:** Dolder; **395 o.:** Dolder; **394/395:** Dolder; **396/397:** Dolder; **398/399:** Dolder; **400/401:** Dolder; **402 o.:**-Berkemann; **402/403:** Riefenstahl; **403 o.:** Riefenstahl; **404/405:** Riefenstahl; **404 u.:** Riefenstahl; **405 u.:** Riefenstahl; **406/407:** Riefenstahl; **408 o.:** Riefenstahl; **408/409 o.:** Riefenstahl; **408/409 u.:** Riefenstahl; **408 u.:** Riefenstahl; **409:** Riefenstahl; **410:** Riefenstahl; **410/411:** Riefenstahl; **411:** Riefenstahl; **412/413:** Riefenstahl.

Porträt S. 32: Schieren.

Impressum

Verlags- und Vertriebsgesellschaft mbH
München · Mönchengladbach

Berechtigte Lizenzausgabe
für F.A. HERBIG Verlagsbuchhandlung
München · Berlin
ISBN 3 · 7766 · 1148 · 0

Verlegerische Gesamtleitung: Kurt Blüchel
Projektleitung: Joachim F. Hamacher
Grafische Gestaltung: Claus-J. Grube
Bildredaktion: Klaus Griehl
Textredaktion: Wolfgang Thielke, Petra Apfel
Landkarten: Rudolf Renk, München
Technische Herstellung: Josef Bütler, Zürich/Horst Rank, München
Satz: ABC Fotosatz & Repro GmbH, München
Reproduktion: Ringier & Co. AG, Zofingen
Buchbinderische Verarbeitung:
Sigloch, Künzelsau
Printed in Switzerland by Ringier & Co. AG